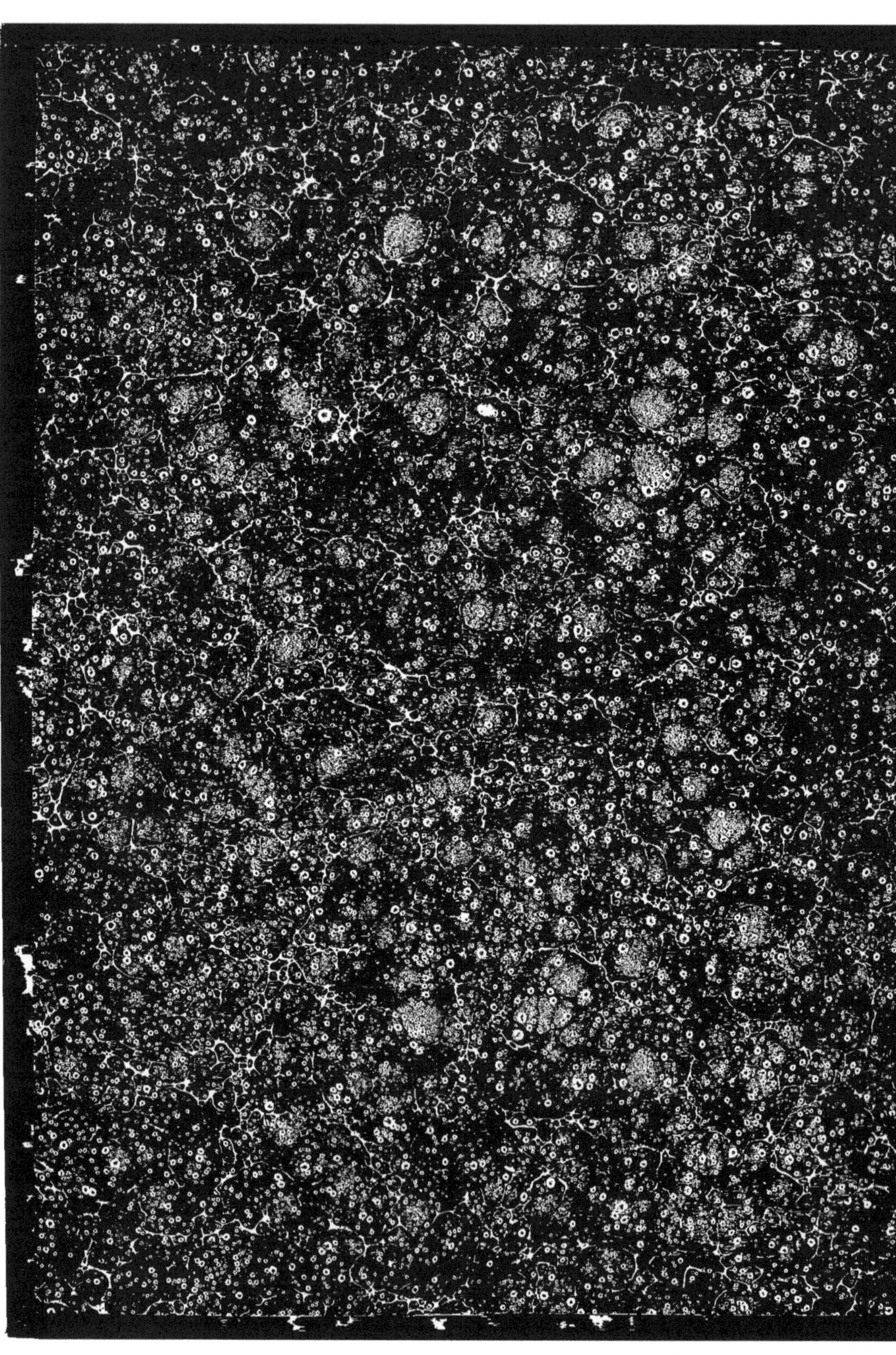

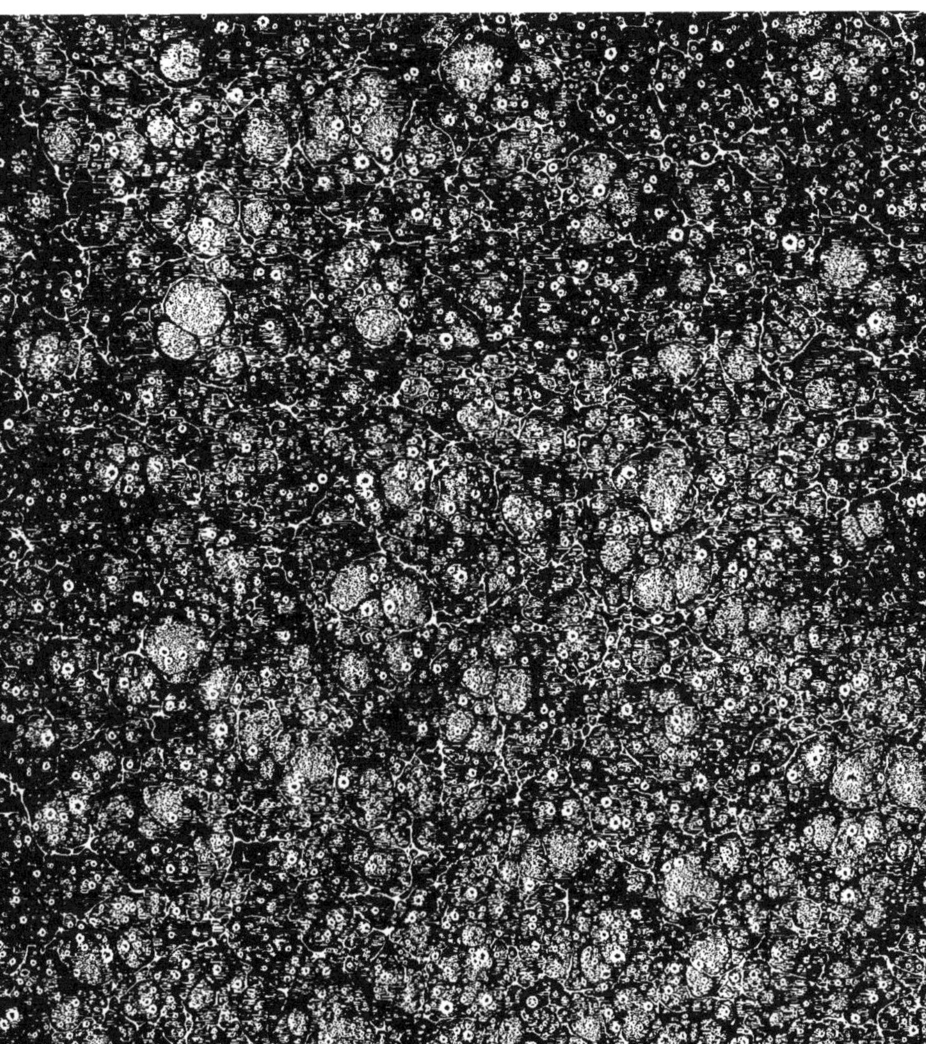

COURS

DE

GÉOMÉTRIE DESCRIPTIVE.

PARIS. — IMPRIMÉ PAR E. THUNOT ET Cie, RUE RACINE, 26, PRÈS L'ODÉON.

COURS

DE

GÉOMÉTRIE DESCRIPTIVE.

PREMIÈRE PARTIE.

DU POINT, DE LA DROITE ET DU PLAN.

DEUXIÈME ÉDITION.

PAR M. THÉODORE OLIVIER,

Ancien élève de l'École polytechnique et ancien Officier d'artillerie; Docteur ès sciences de la Faculté de Paris.
Ancien professeur adjoint de l'École d'application de l'artillerie et du génie à Metz;
Ancien répétiteur à l'École polytechnique; Professeur de géométrie descriptive au Conservatoire des arts et métiers;
Professeur-fondateur de l'École centrale des arts et manufactures;
Membre honoraire de la Société philomathique de Paris et du comité des arts mécaniques de la Société d'encouragement pour l'industrie nationale;
Membre étranger des deux Académies royales des sciences et des sciences militaires de Stockholm;
Membre correspondant de la Société royale des sciences de Liége et de la Société d'agriculture et arts utiles de Lyon,
des Académies des sciences de Metz, Dijon et Lyon;
Officier de la Légion d'honneur et chevalier de l'Ordre royal de l'Étoile polaire de Suède.

ATLAS.

PARIS.
CARILIAN-GOEURY ET Vor DALMONT,
LIBRAIRES DES CORPS DES PONTS ET CHAUSSÉES ET DES MINES,
Quai des Augustins, n° 49.
1852

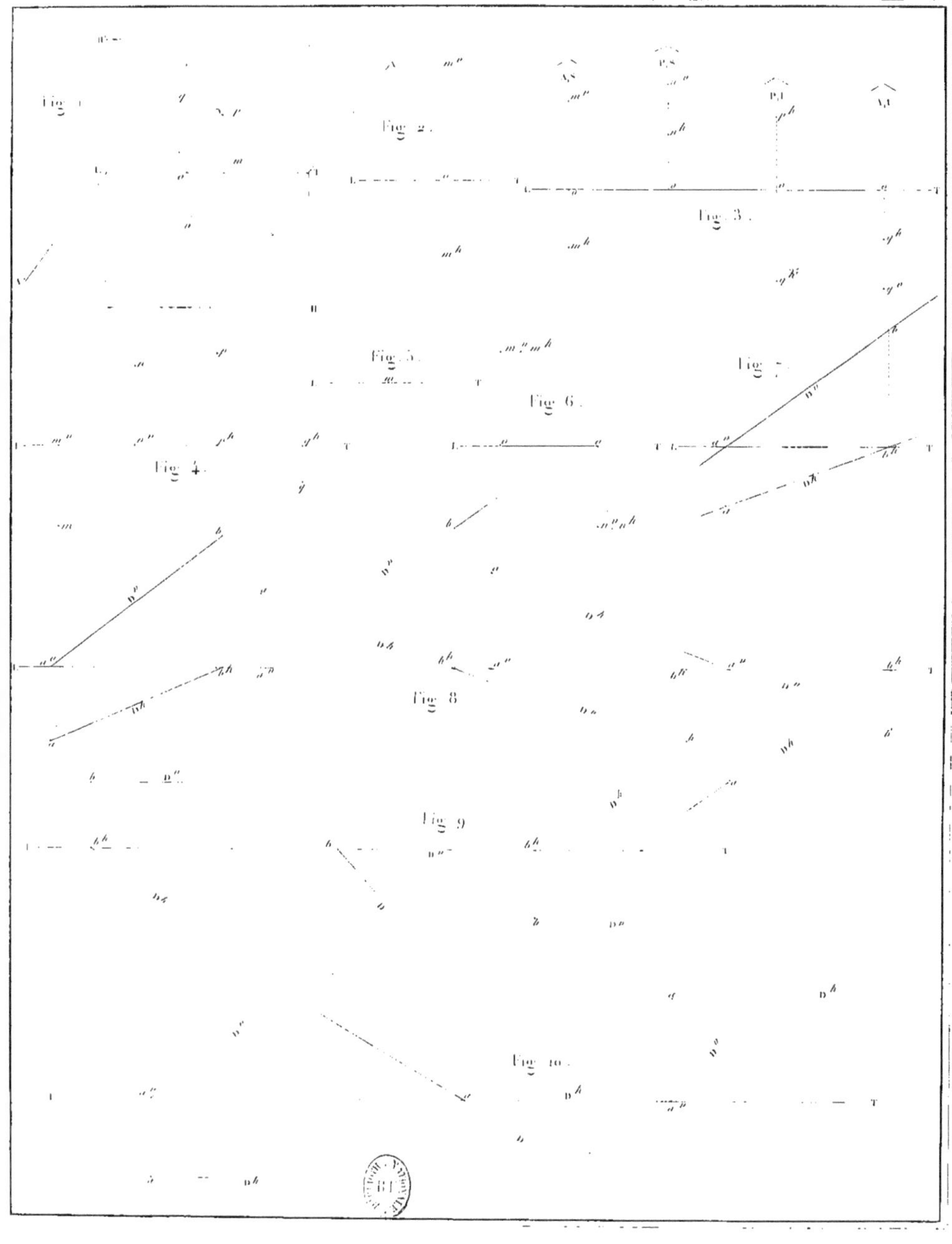
Fig. 1
Fig. 2
Fig. 3
Fig. 4
Fig. 5
Fig. 6
Fig. 7
Fig. 8
Fig. 9
Fig. 10

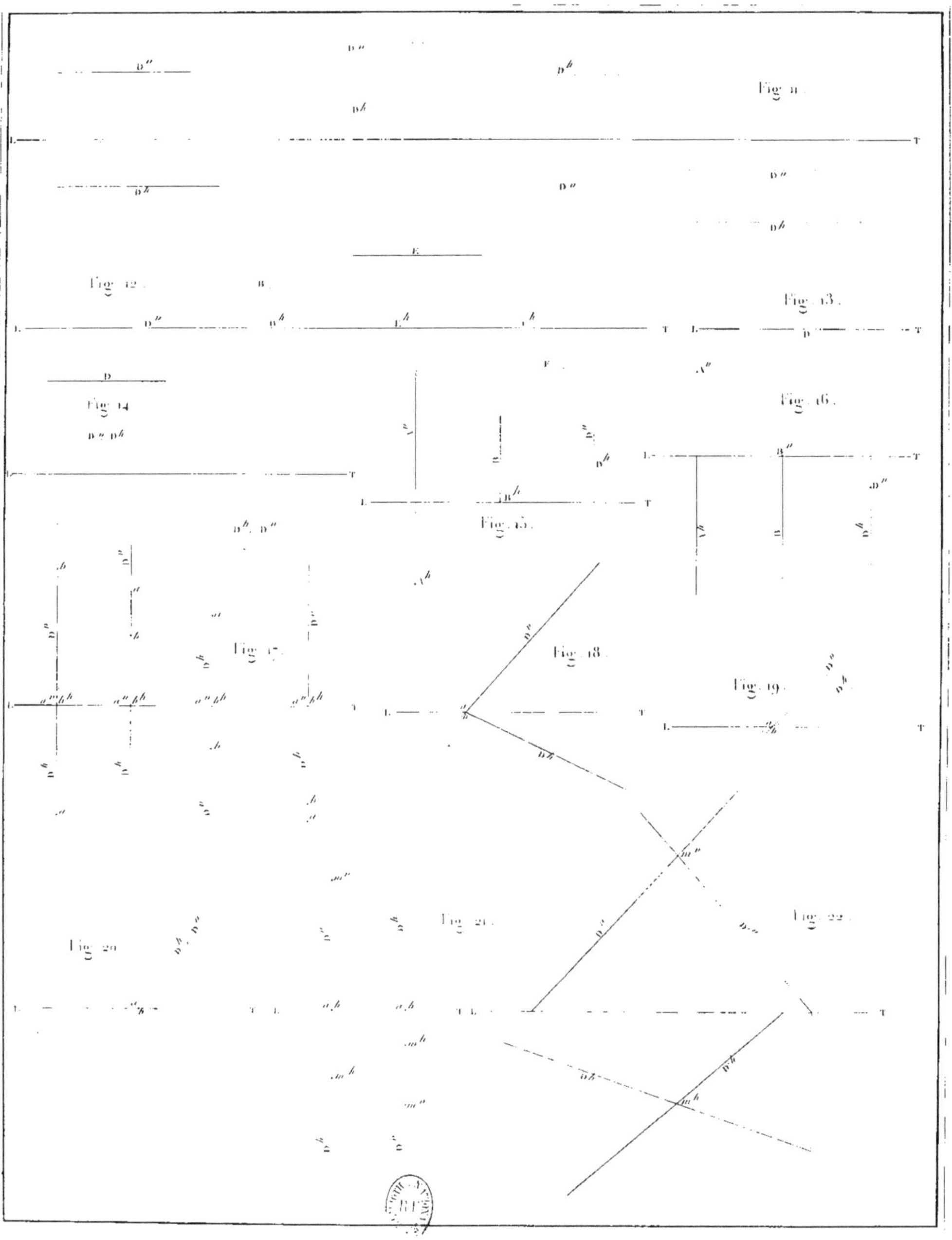
Fig. 11.
Fig. 12.
Fig. 13.
Fig. 14.
Fig. 15.
Fig. 16.
Fig. 17.
Fig. 18.
Fig. 19.
Fig. 20.
Fig. 21.
Fig. 22.

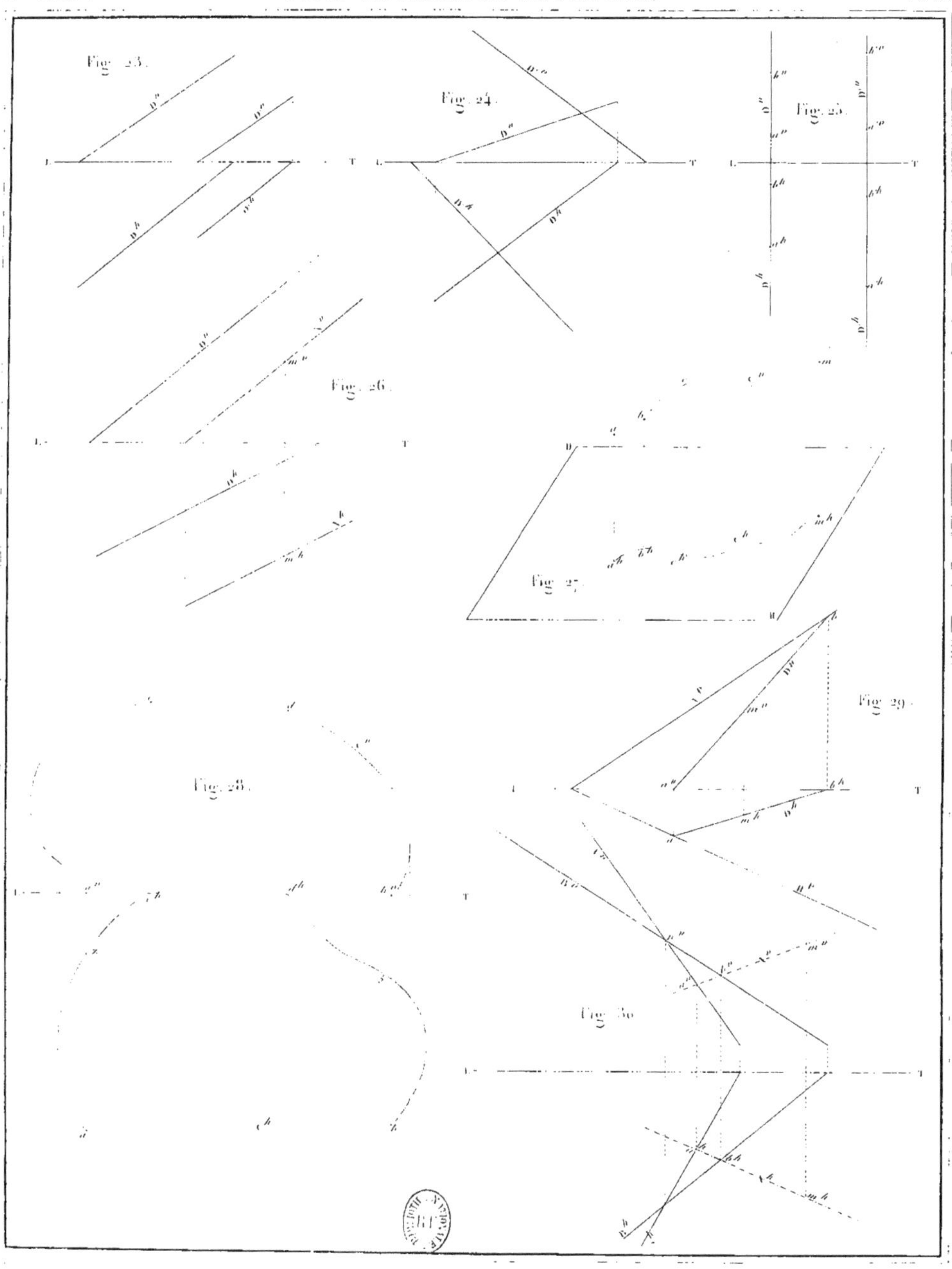
Fig. 23.
Fig. 24.
Fig. 25.
Fig. 26.
Fig. 27.
Fig. 28.
Fig. 29.
Fig. 30.

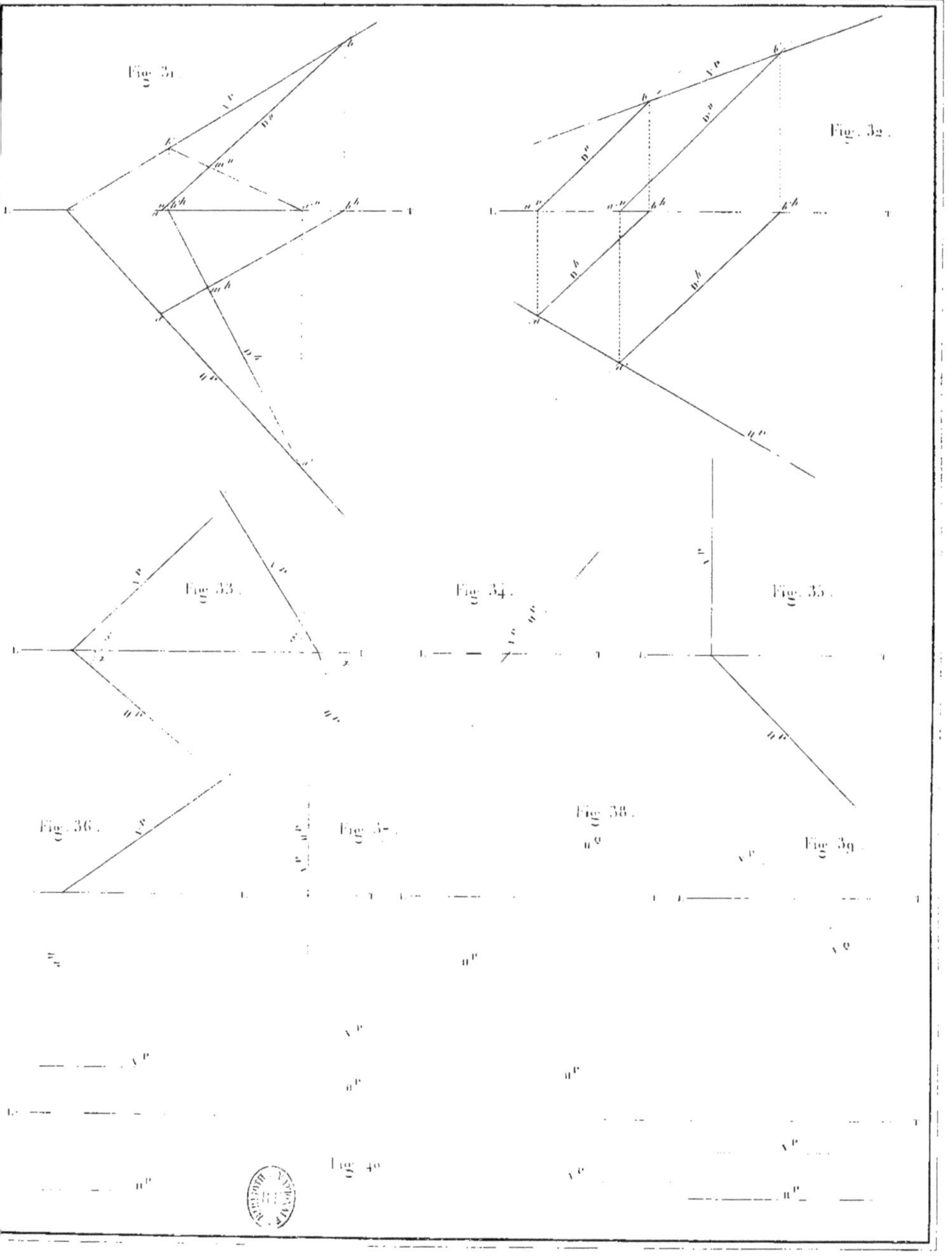
Fig. 31.
Fig. 32.
Fig. 33.
Fig. 34.
Fig. 35.
Fig. 36.
Fig. 37.
Fig. 38.
Fig. 39.
Fig. 40.

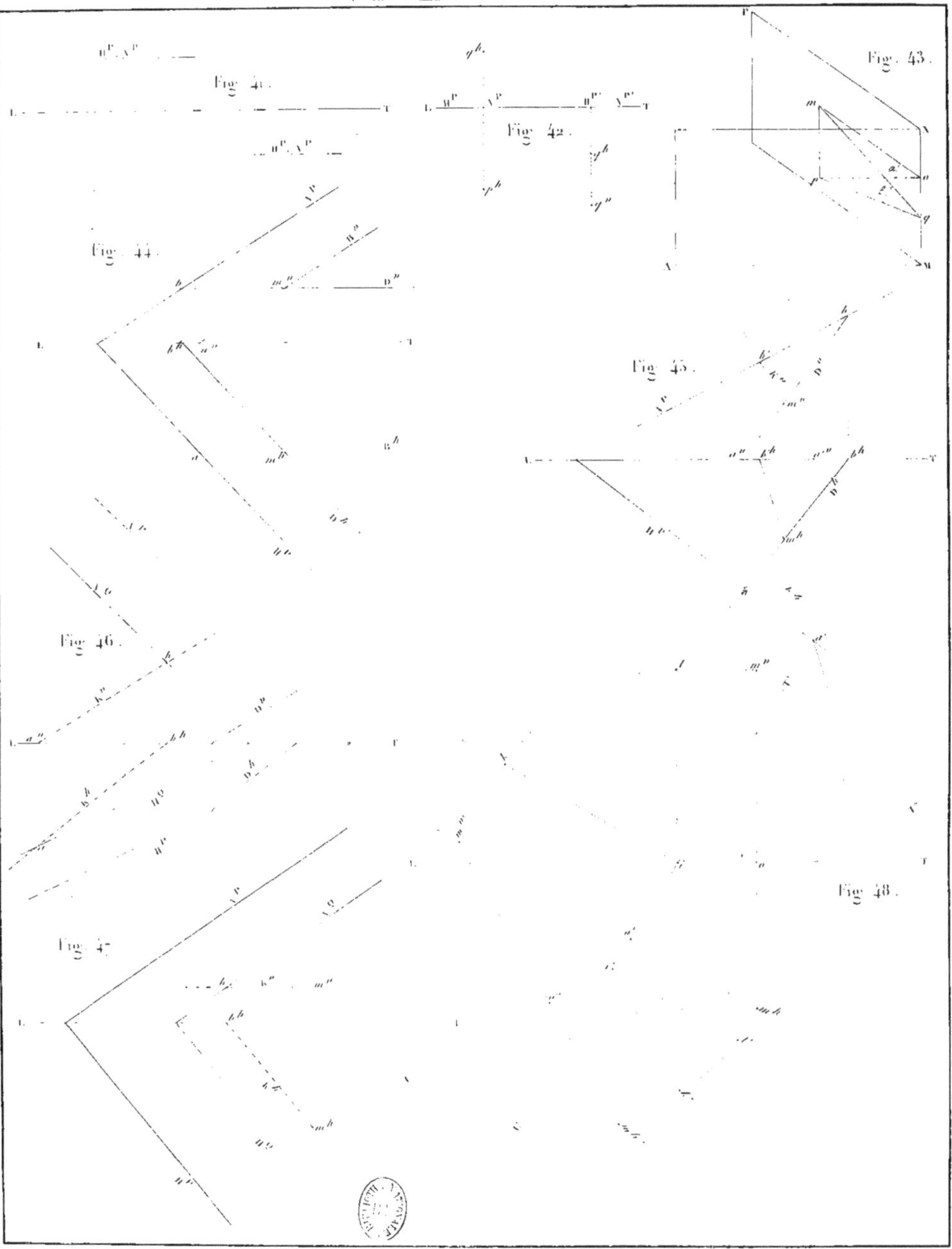
Fig. 41.
Fig. 42.
Fig. 43.
Fig. 44.
Fig. 45.
Fig. 46.
Fig. 47.
Fig. 48.

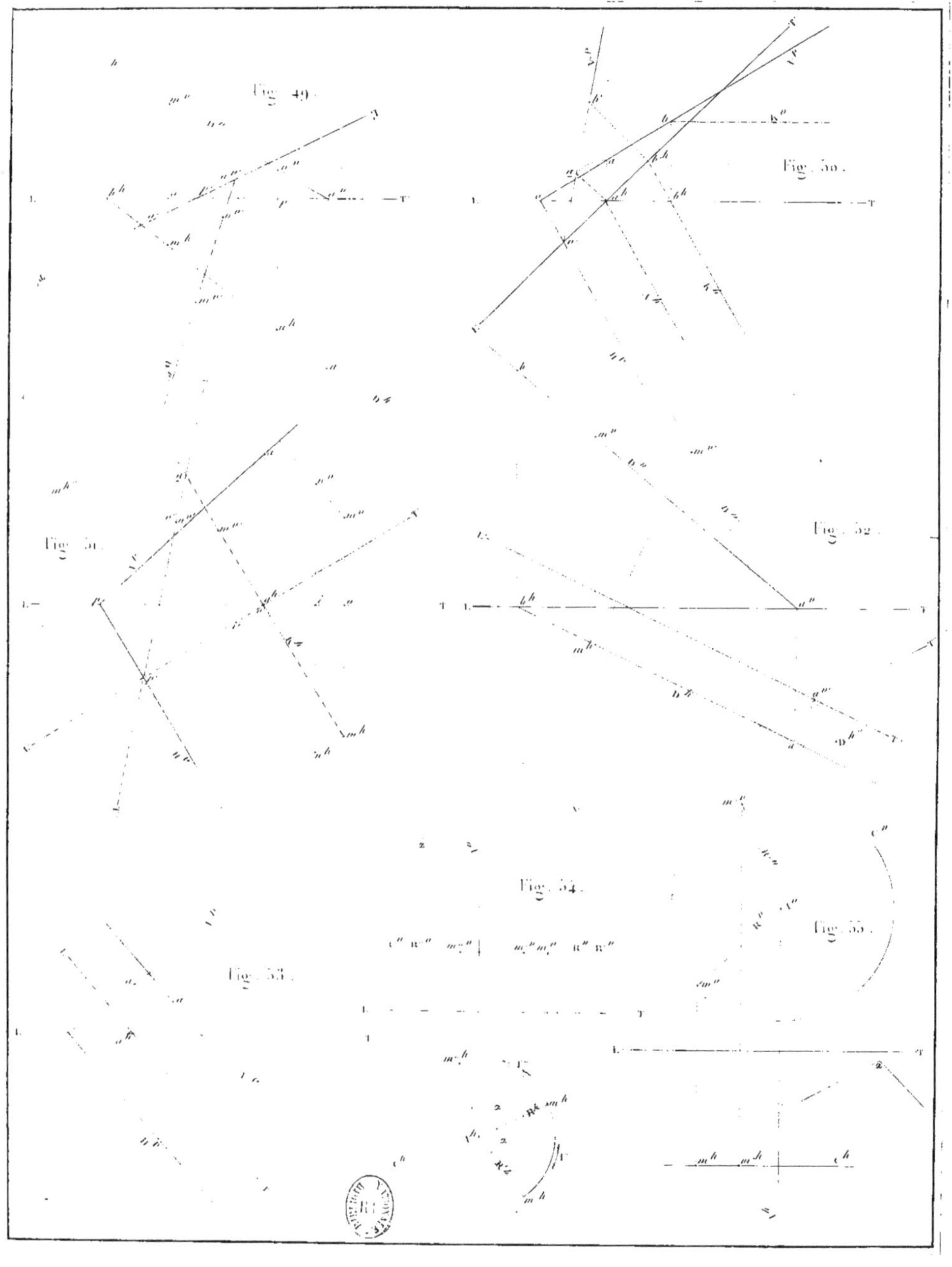
Fig. 49.
Fig. 50.
Fig. 51.
Fig. 52.
Fig. 53.
Fig. 54.
Fig. 55.

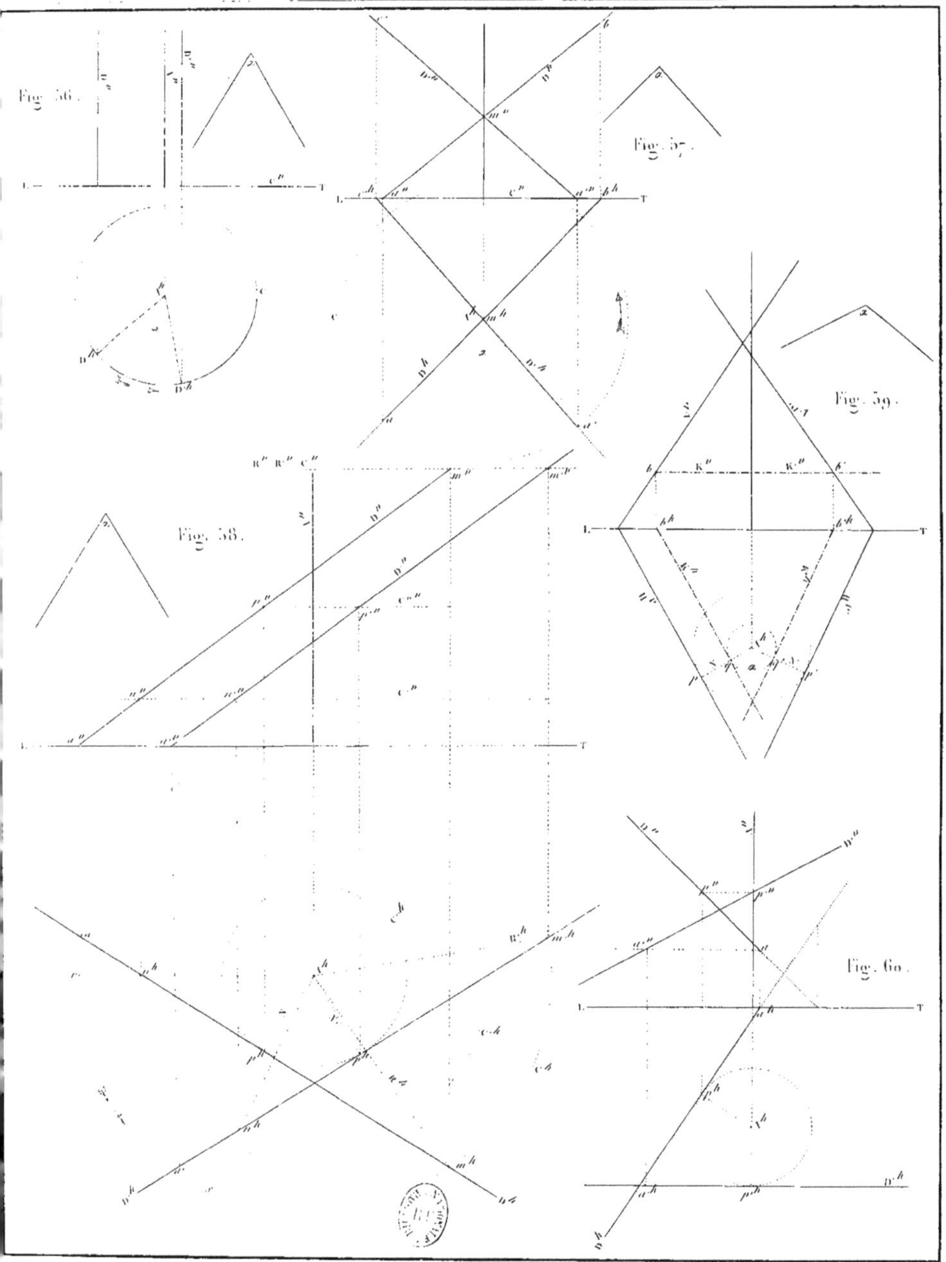
Fig. 56.
Fig. 57.
Fig. 58.
Fig. 59.
Fig. 60.

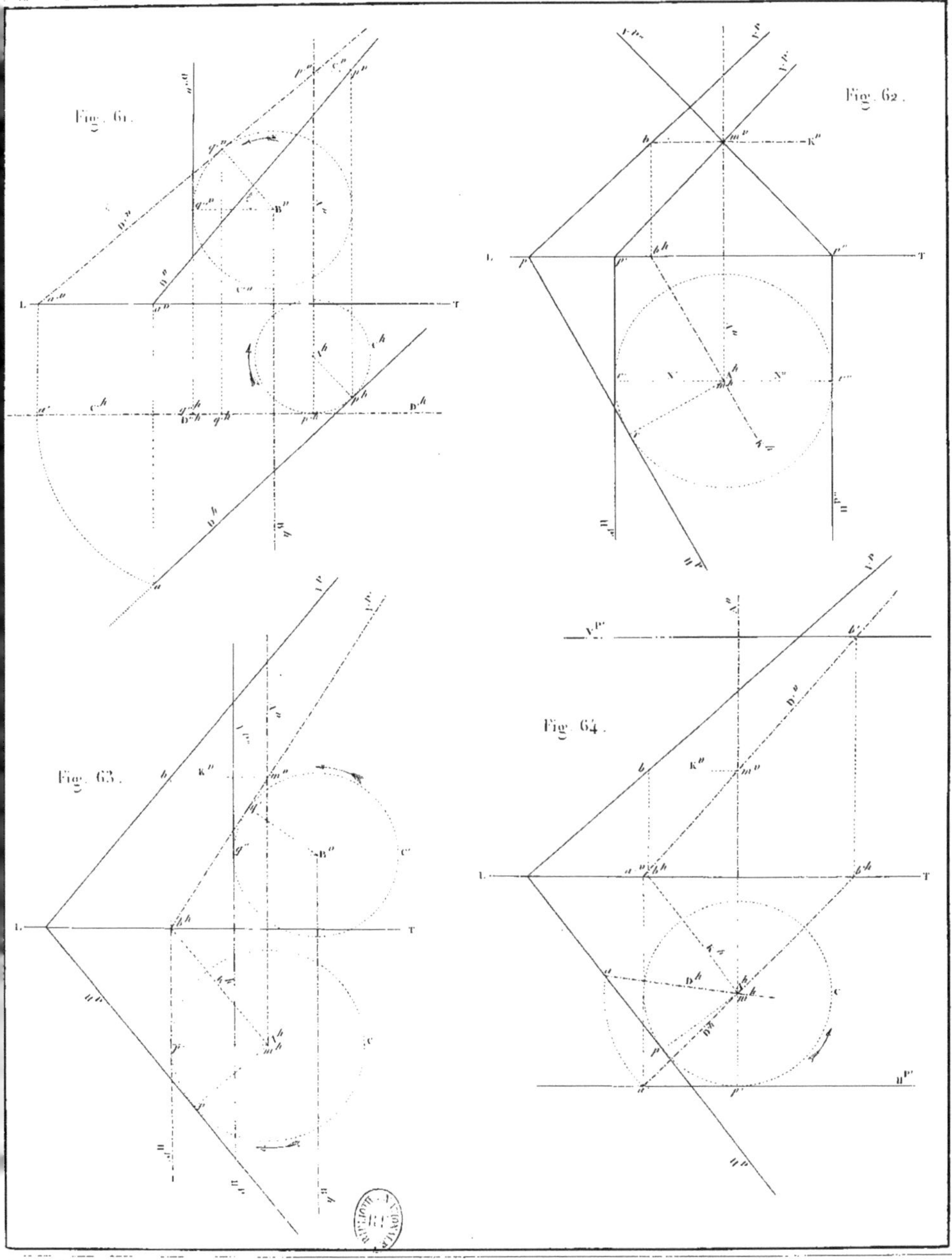

Fig. 61.
Fig. 62.
Fig. 63.
Fig. 64.

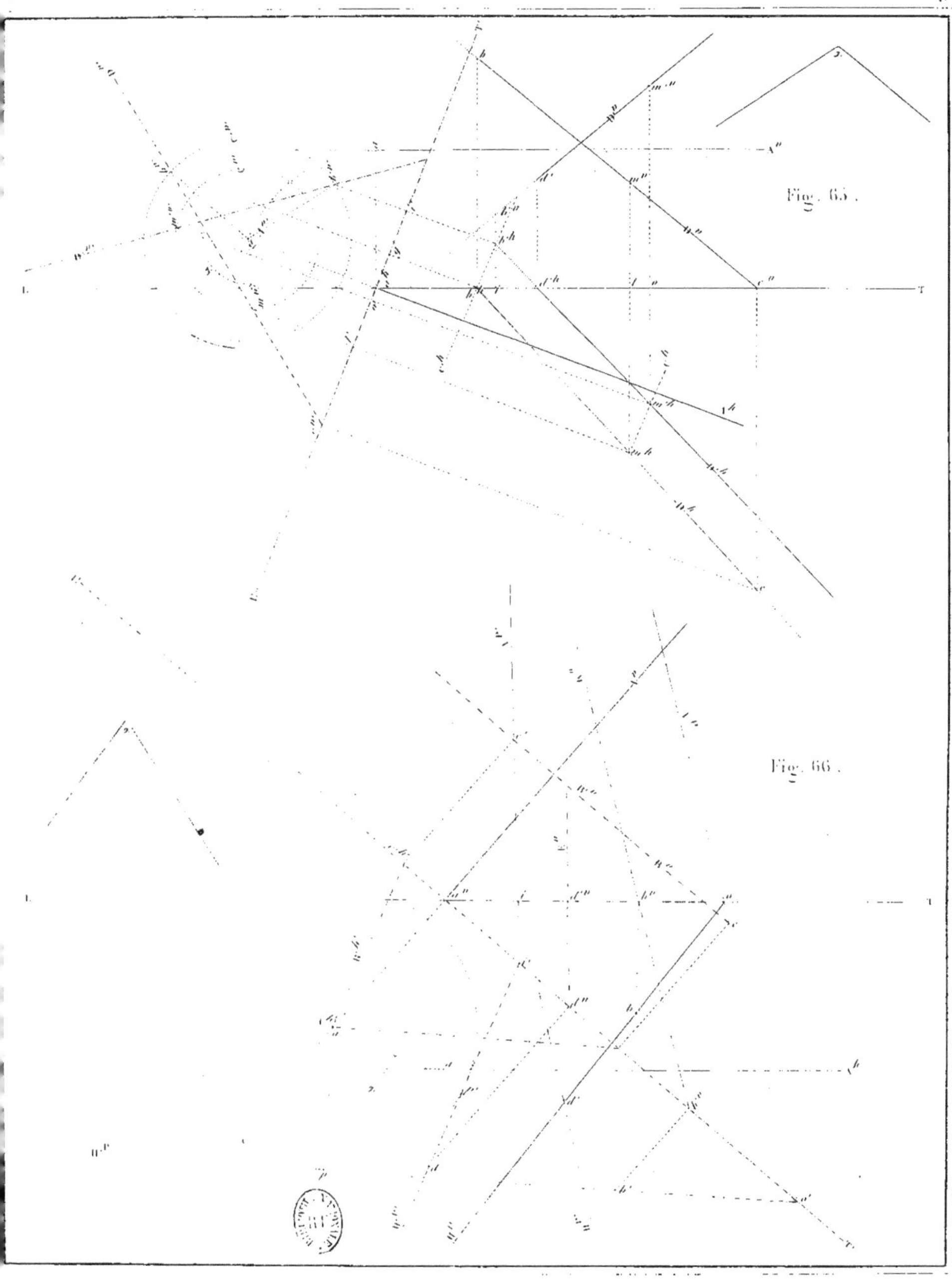
Fig. 65.
Fig. 66.

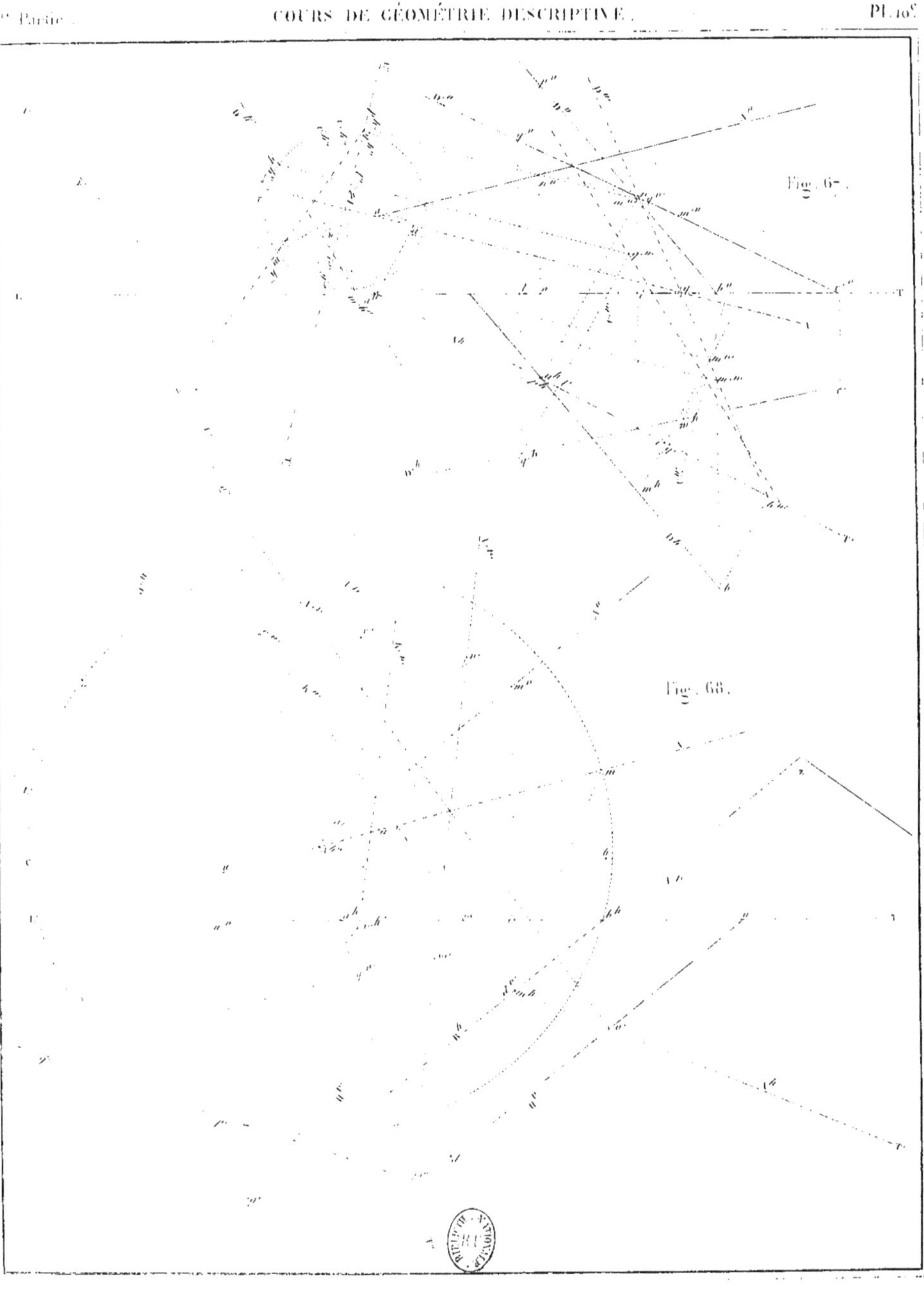
Fig. 67.
Fig. 68.

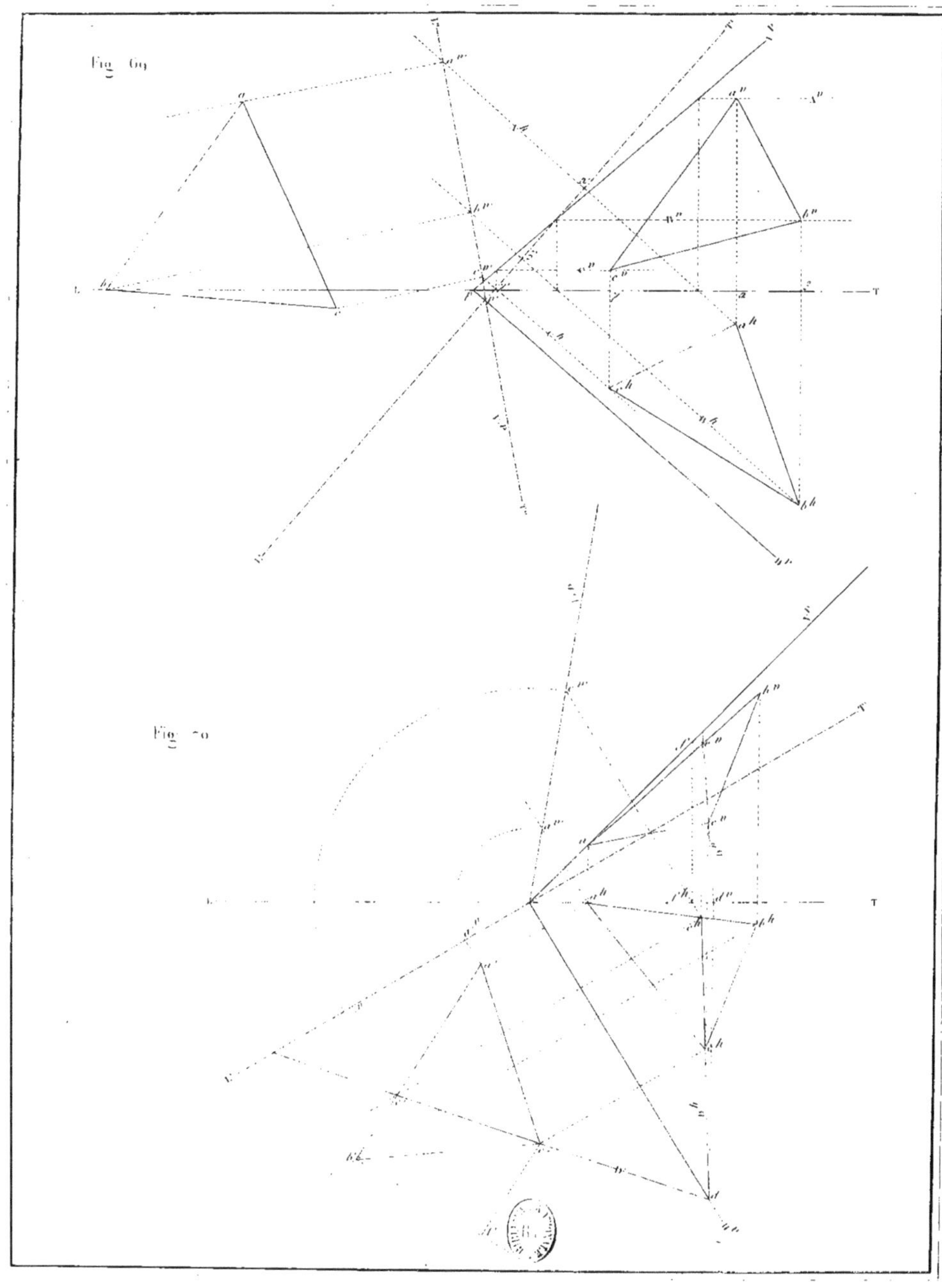
Fig. 69
Fig. 70

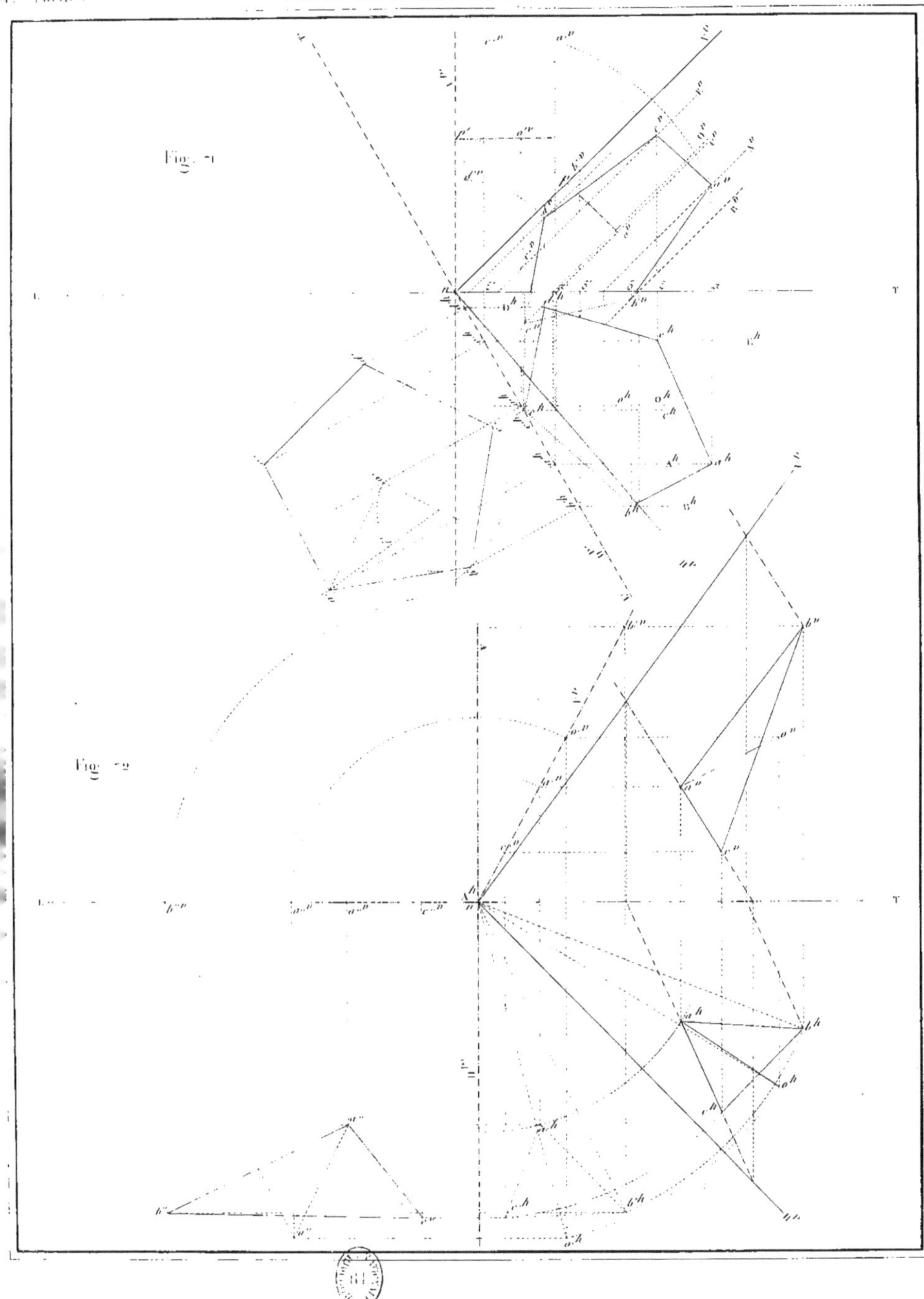
Fig. 1
Fig. 2

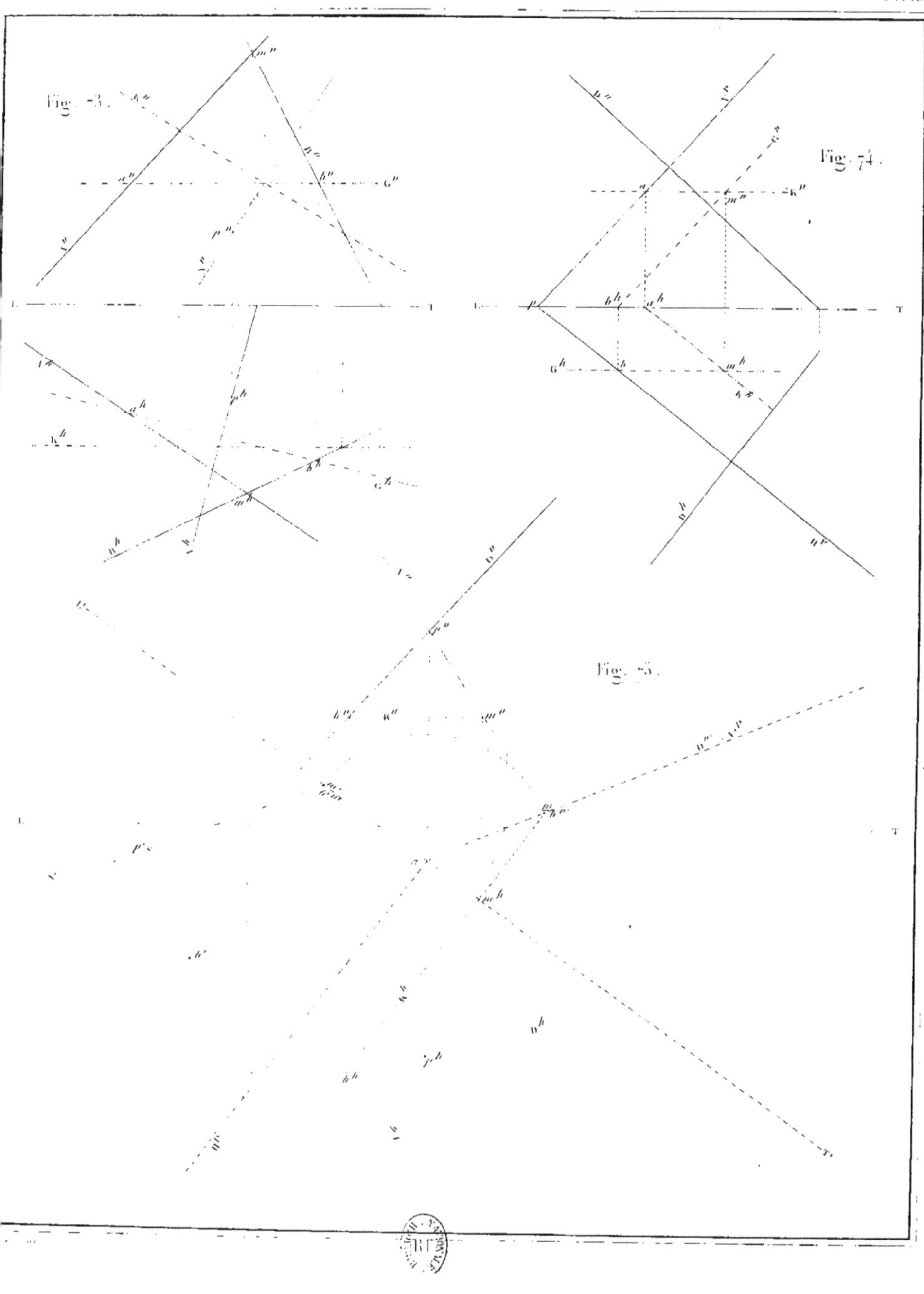
Fig. 73.
Fig. 74.
Fig. 75.

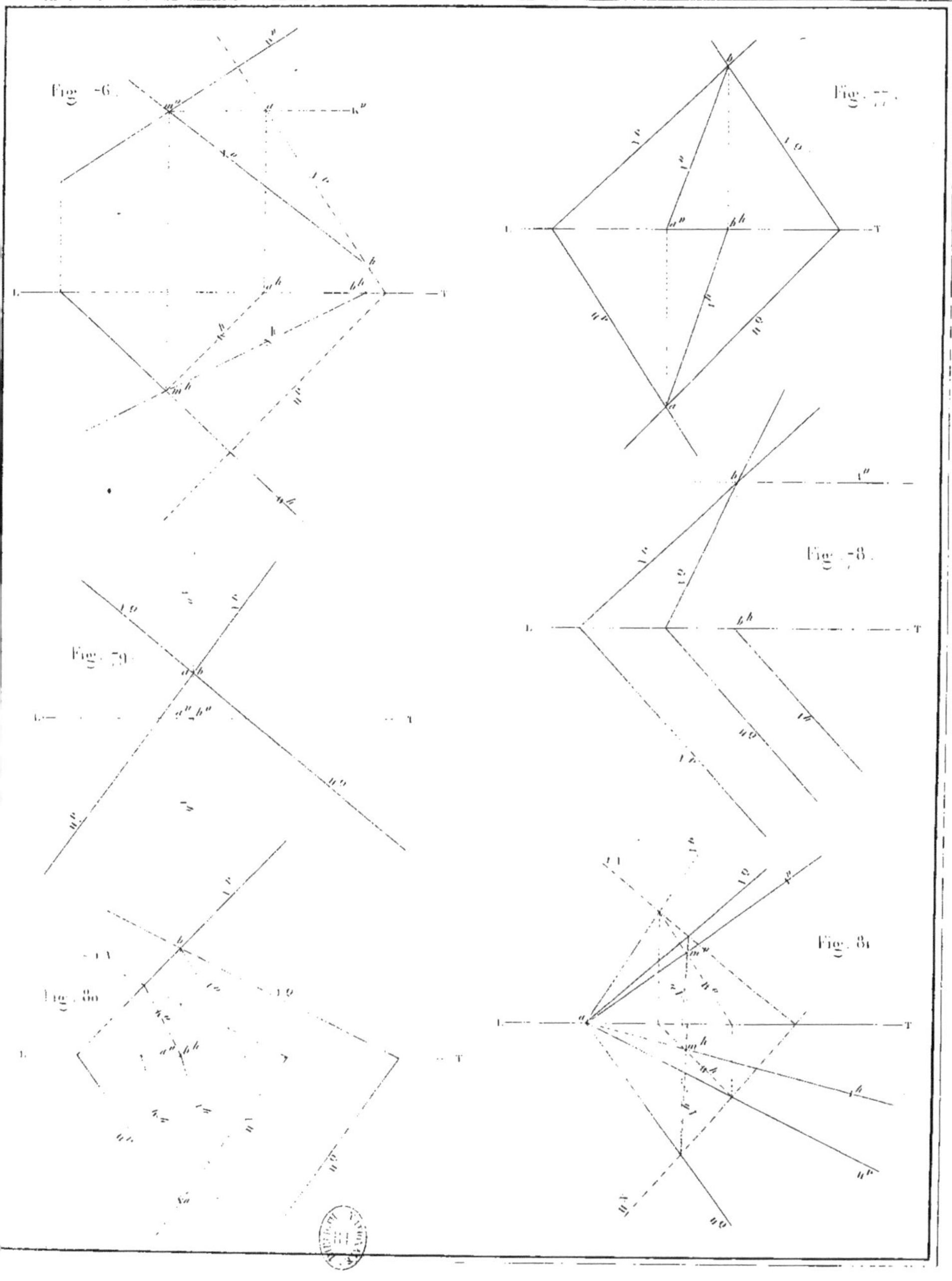
Fig. 76.
Fig. 77.
Fig. 78.
Fig. 79.
Fig. 80.
Fig. 81.

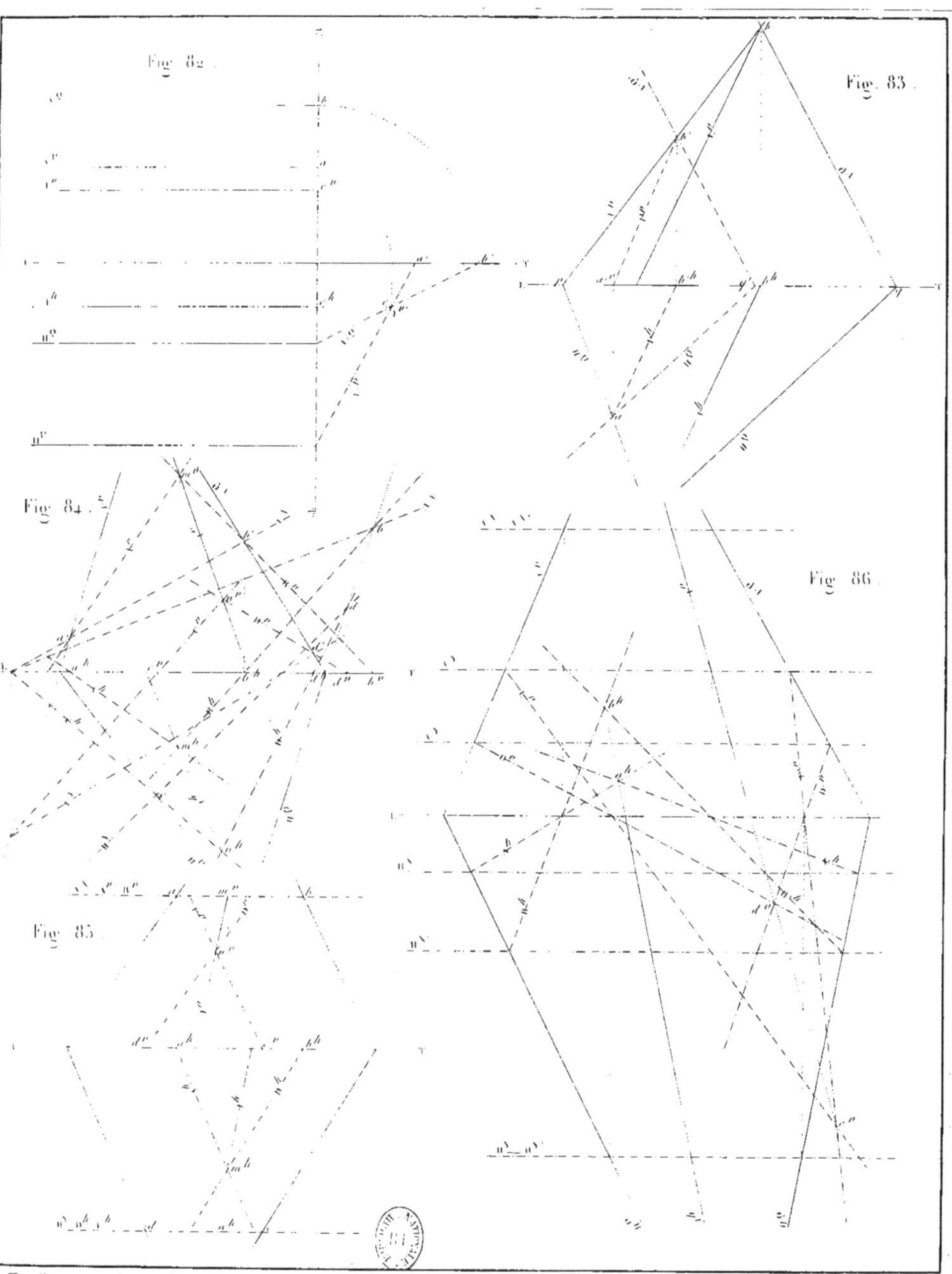
Fig. 82.
Fig. 83.
Fig. 84.
Fig. 85.
Fig. 86.

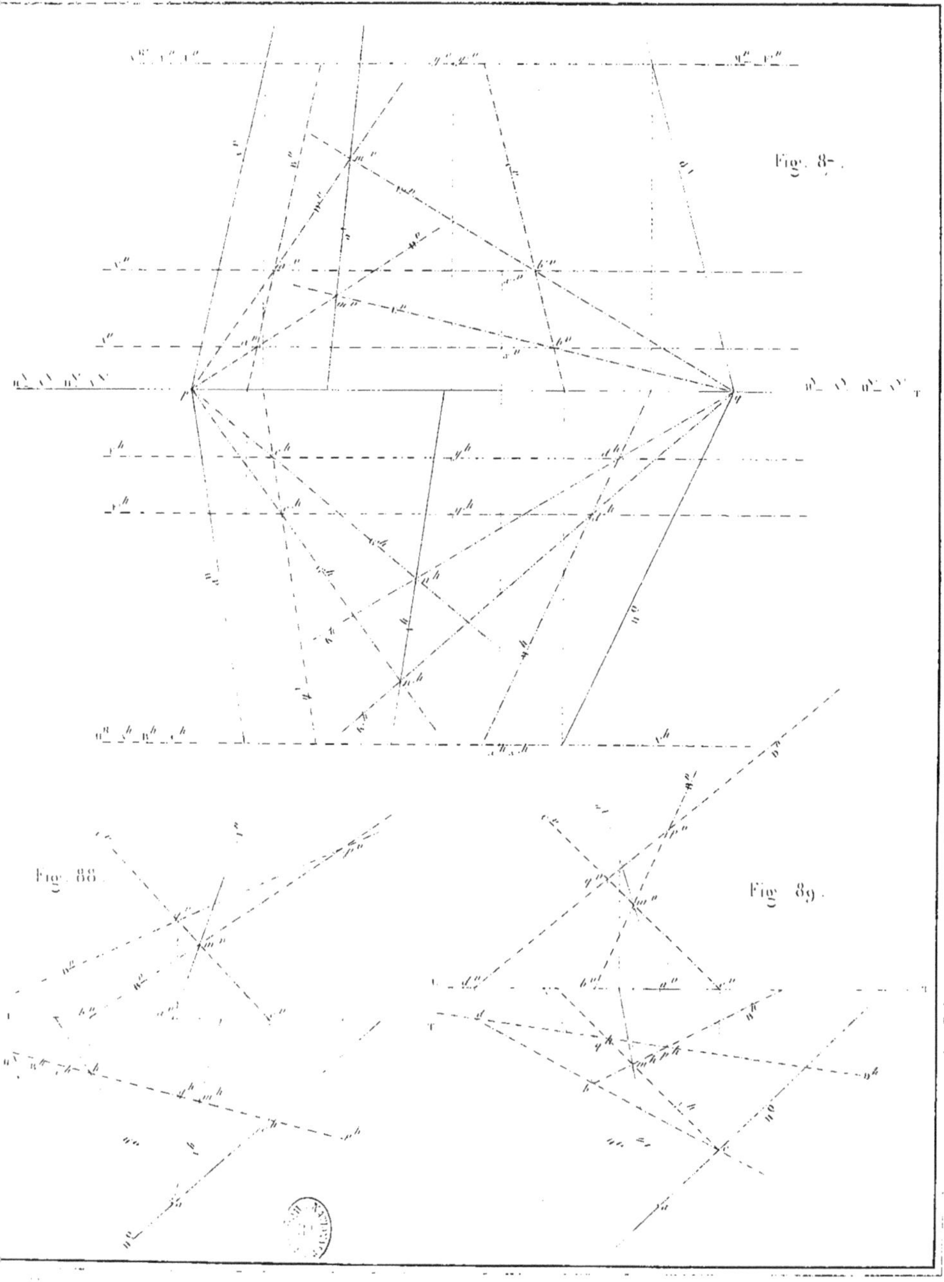
Fig. 87.
Fig. 88.
Fig. 89.

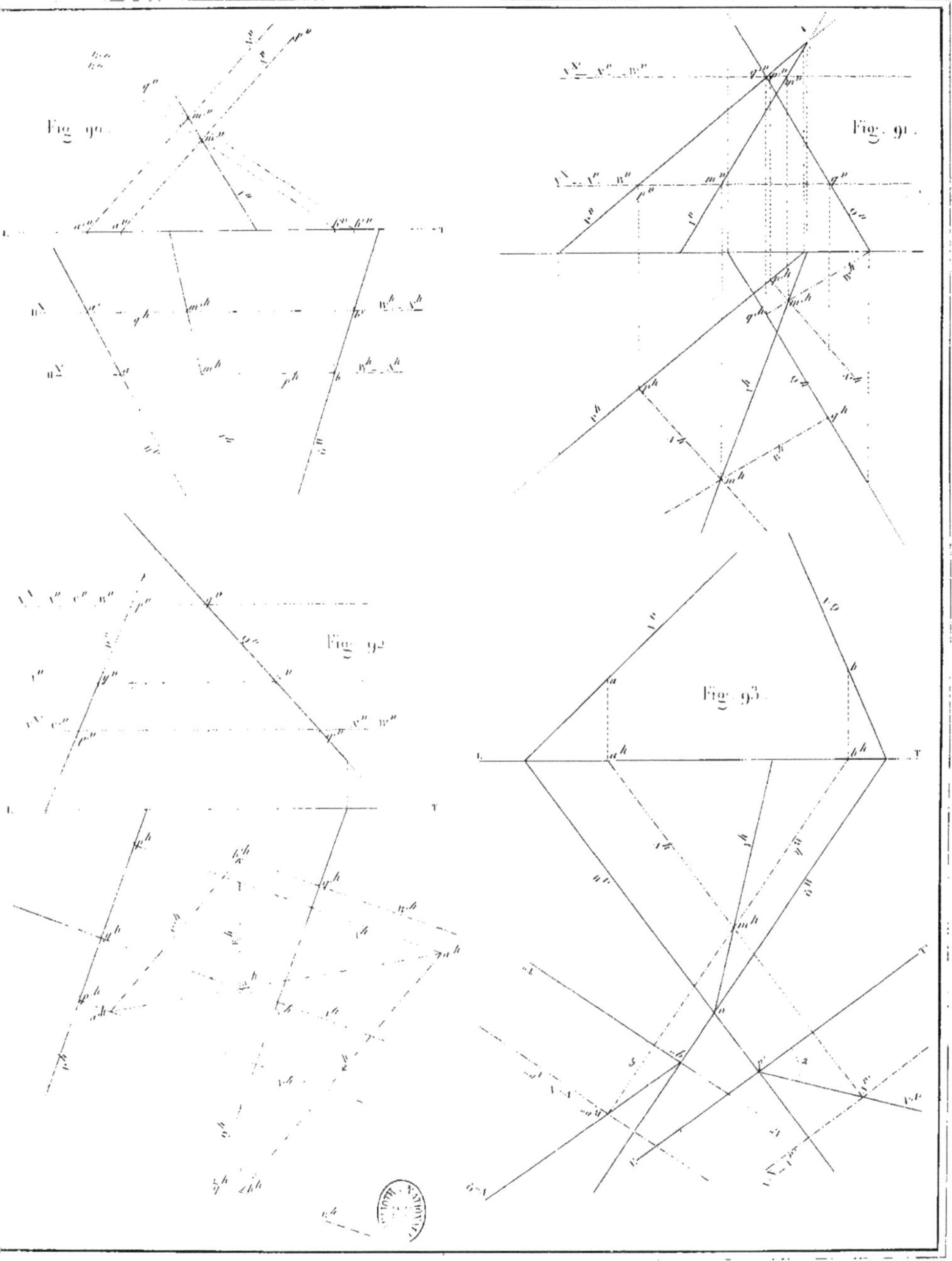
Fig. 90.
Fig. 91.
Fig. 92.
Fig. 93.

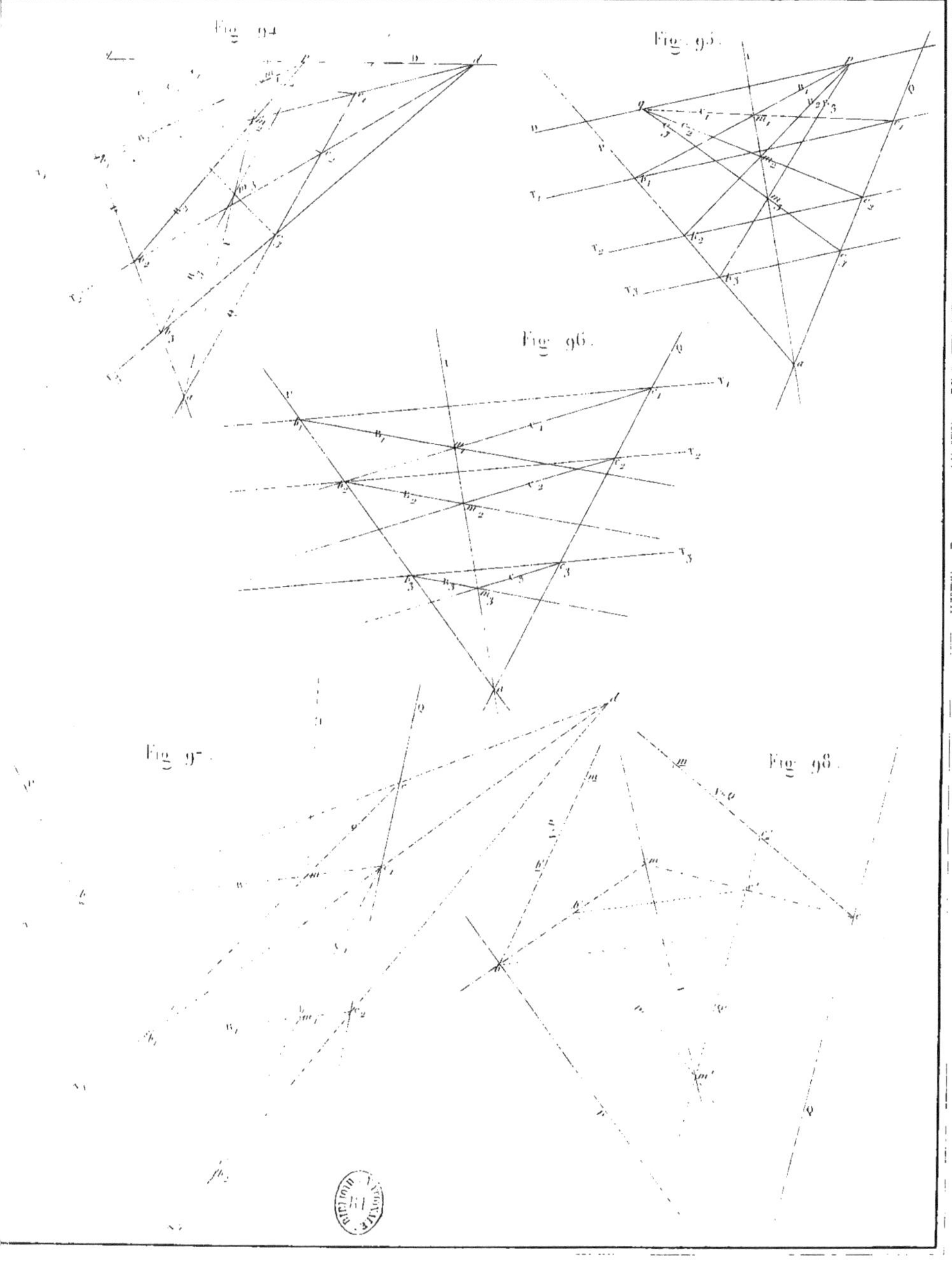
Fig. 94
Fig. 95
Fig. 96
Fig. 97
Fig. 98

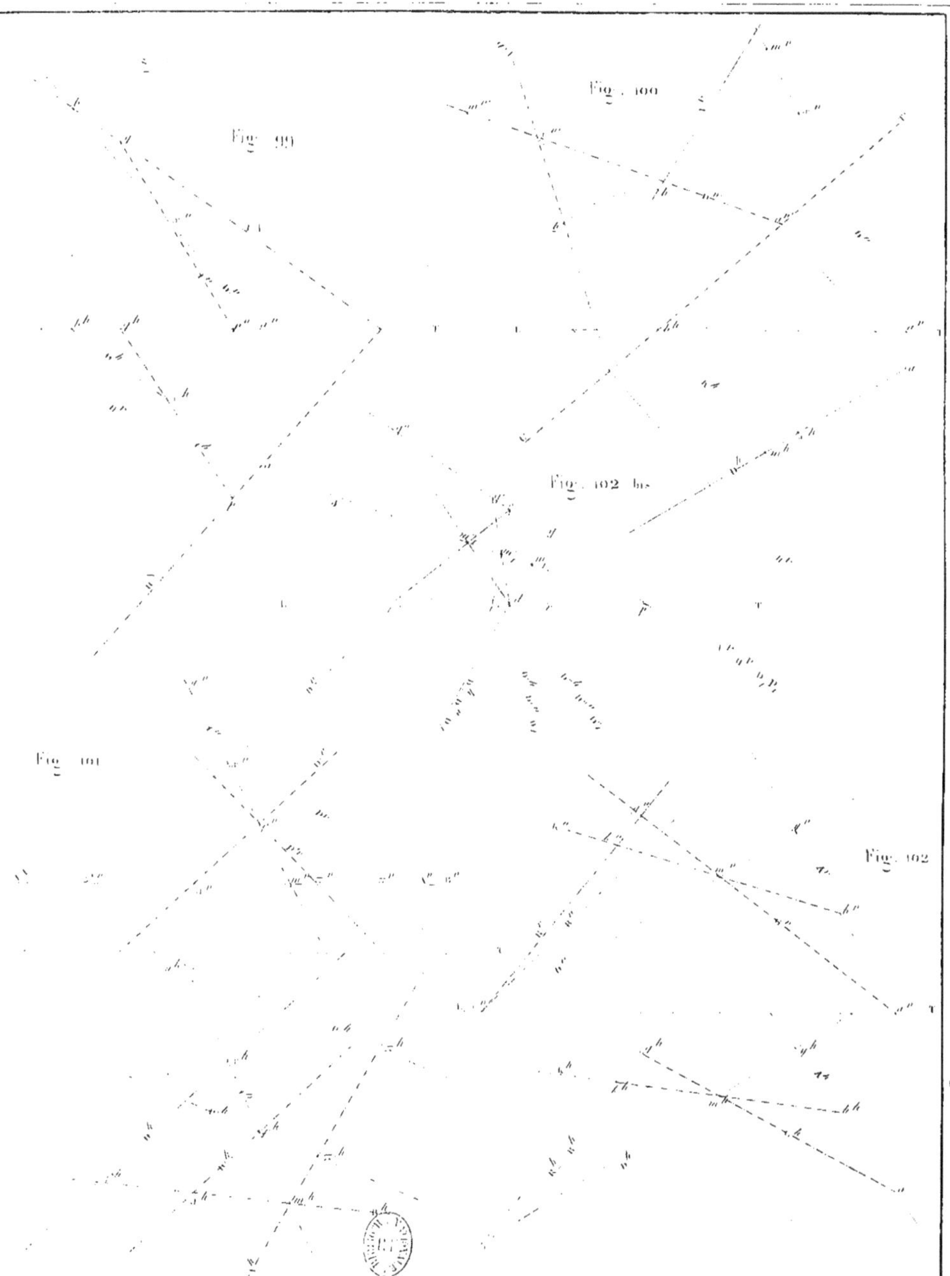
Fig. 99
Fig. 100
Fig. 101
Fig. 102
Fig. 102 bis

Fig. 103 bis.
Fig. 104.
Fig. 103
Fig. 105
Fig. 106

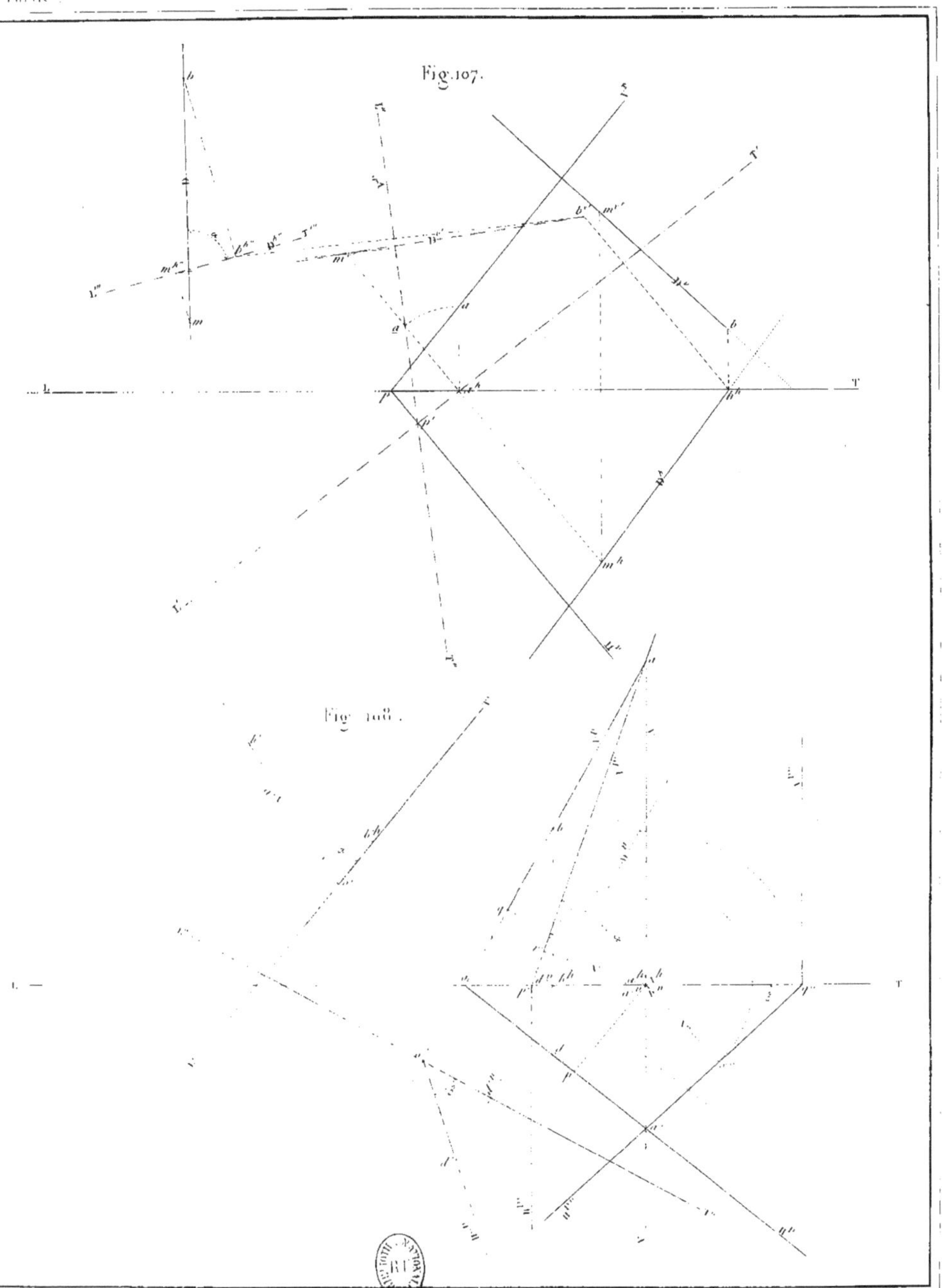
Fig.107.
Fig. 108.

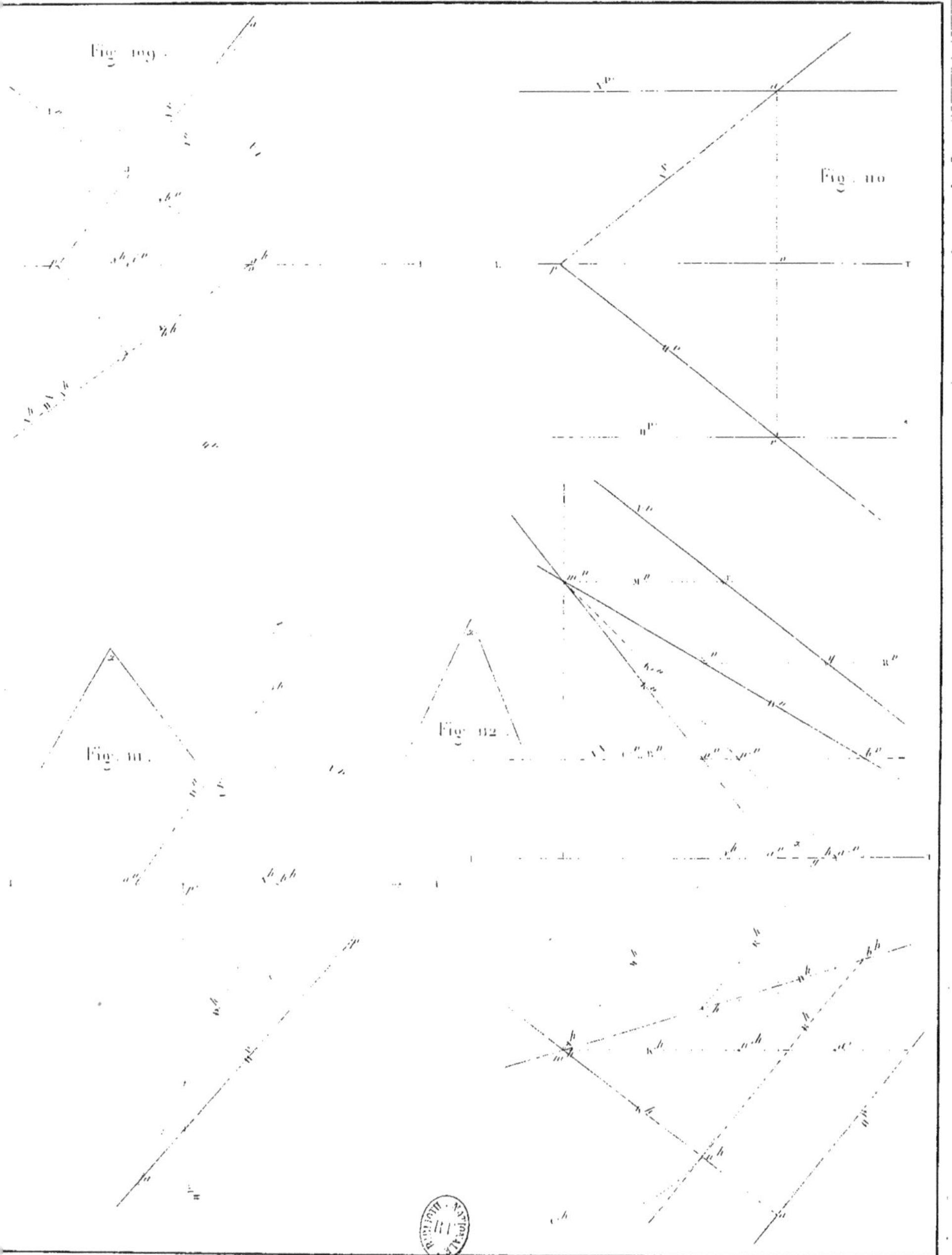
Fig. 109.
Fig. 110.
Fig. 111.
Fig. 112.

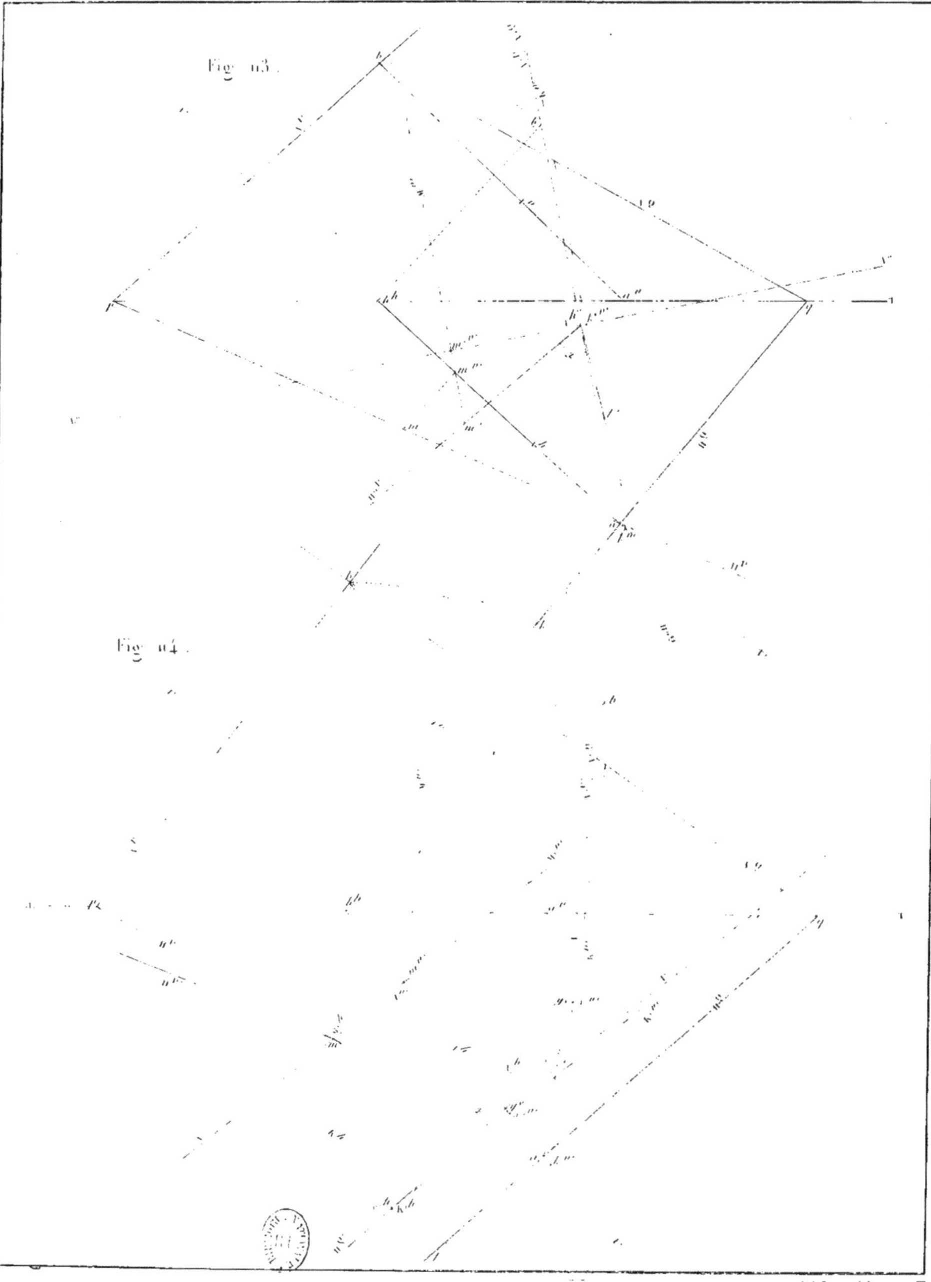
Fig. 113.
Fig. 114.

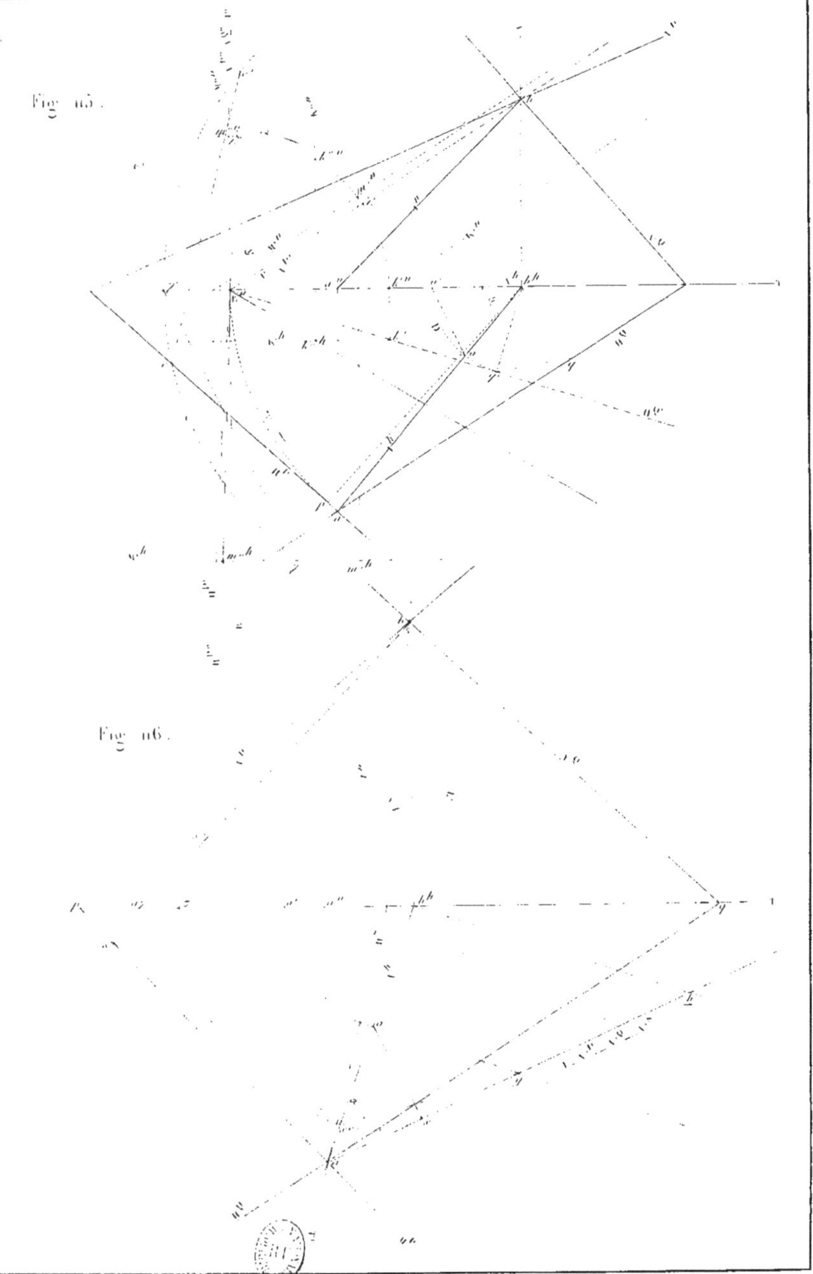

Fig. 115.

Fig. 116.

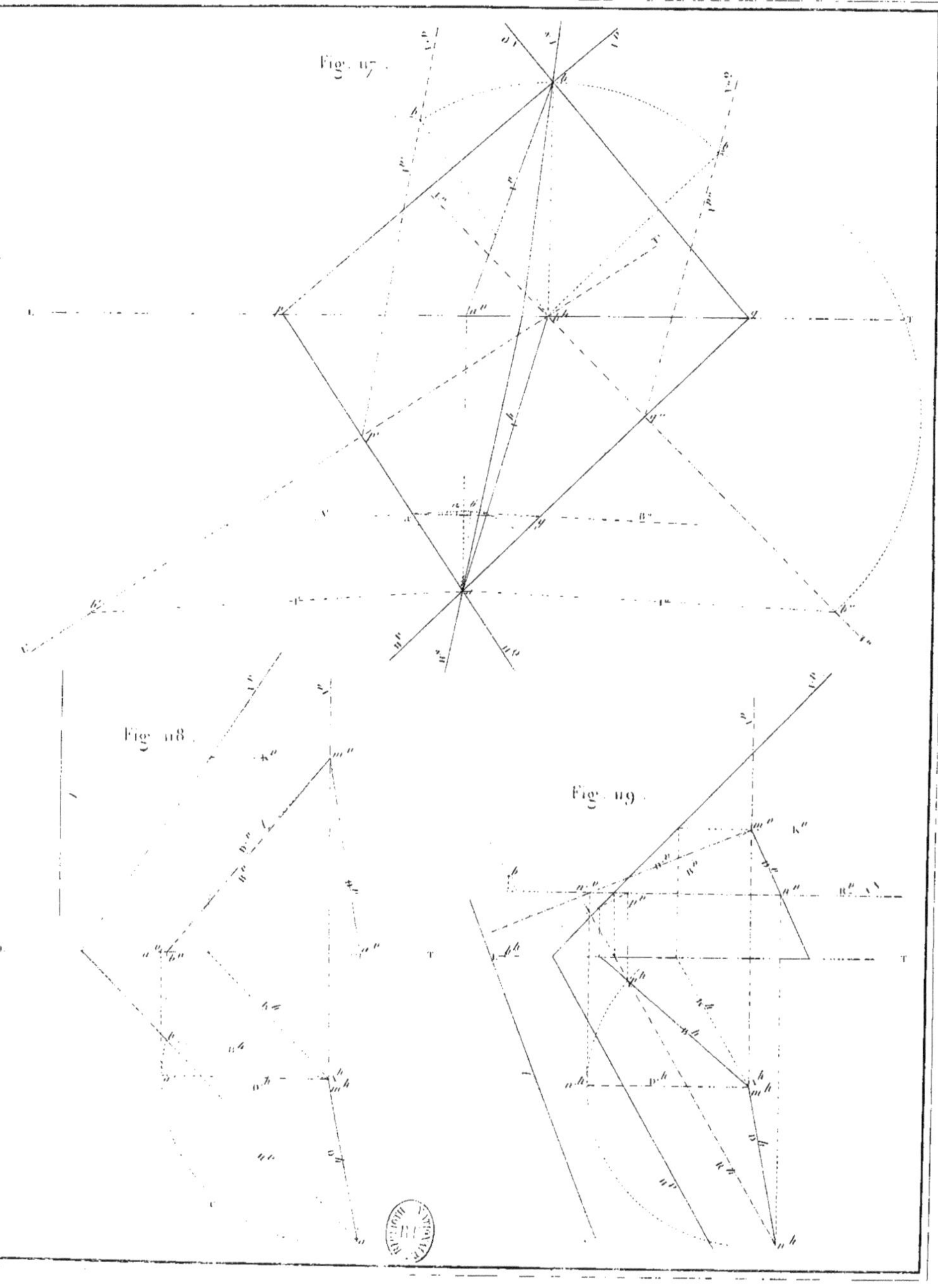
Fig. 117.
Fig. 118.
Fig. 119.

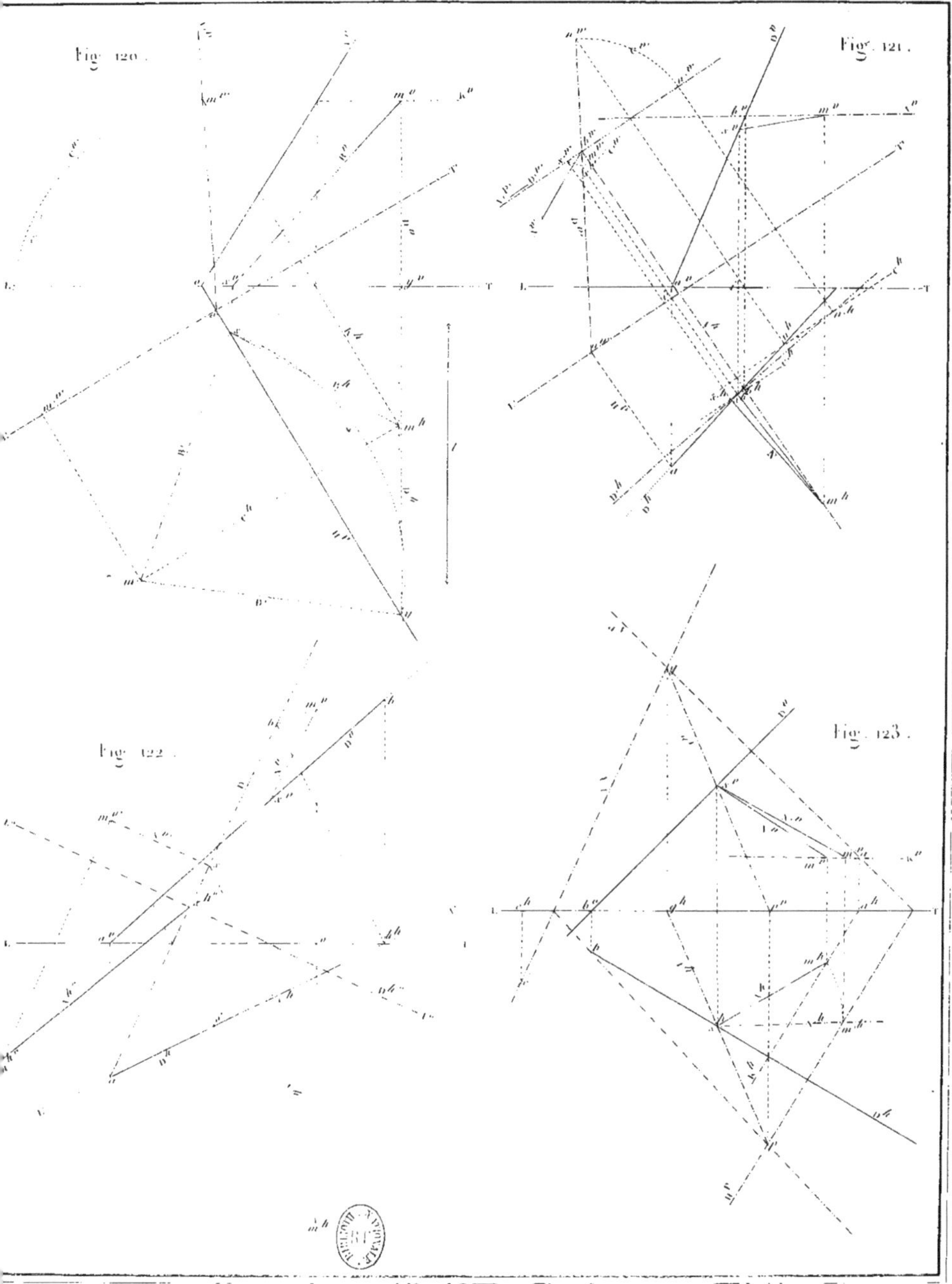
Fig. 120.
Fig. 121.
Fig. 122.
Fig. 123.

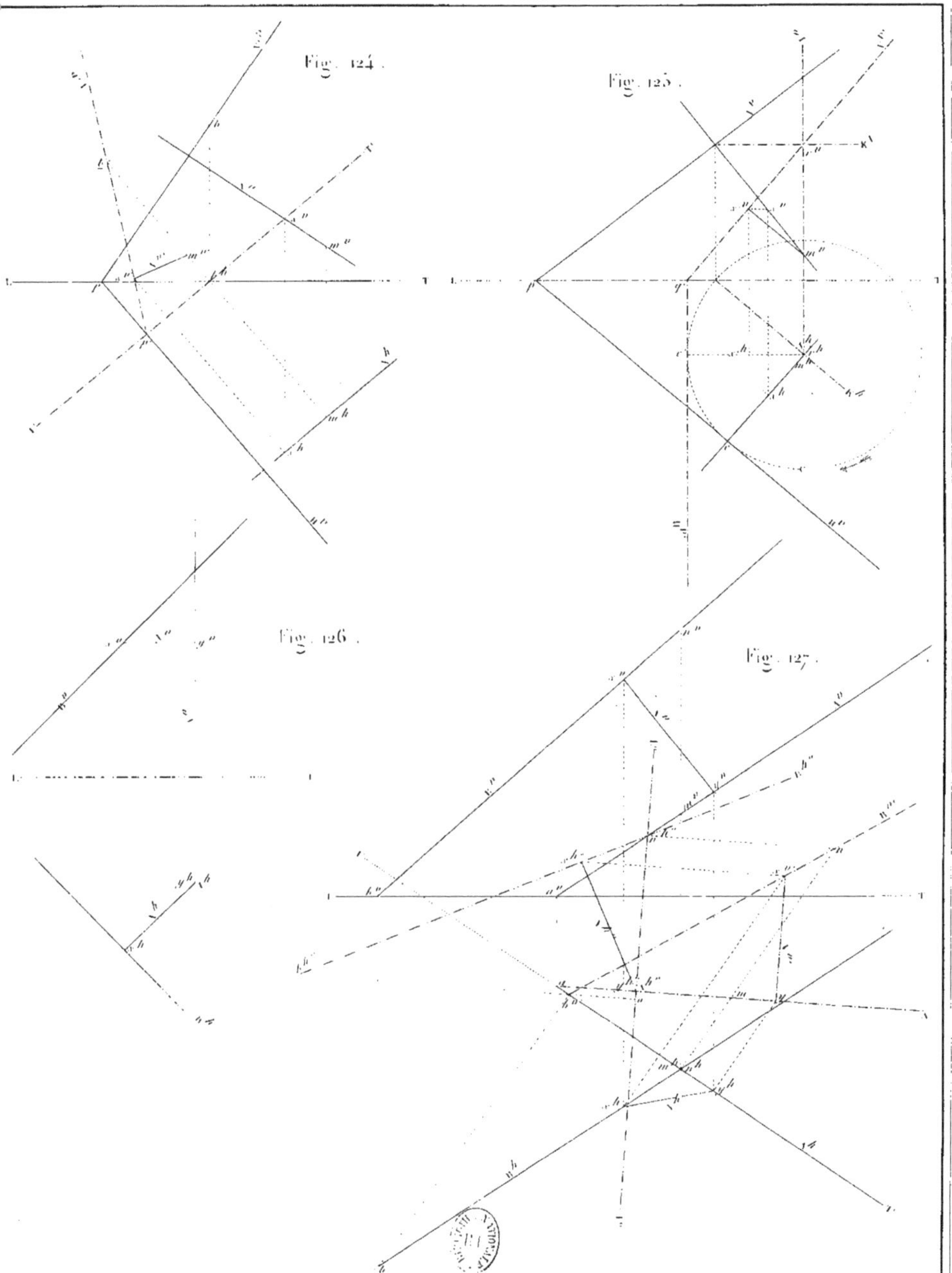
Fig. 124.
Fig. 125.
Fig. 126.
Fig. 127.

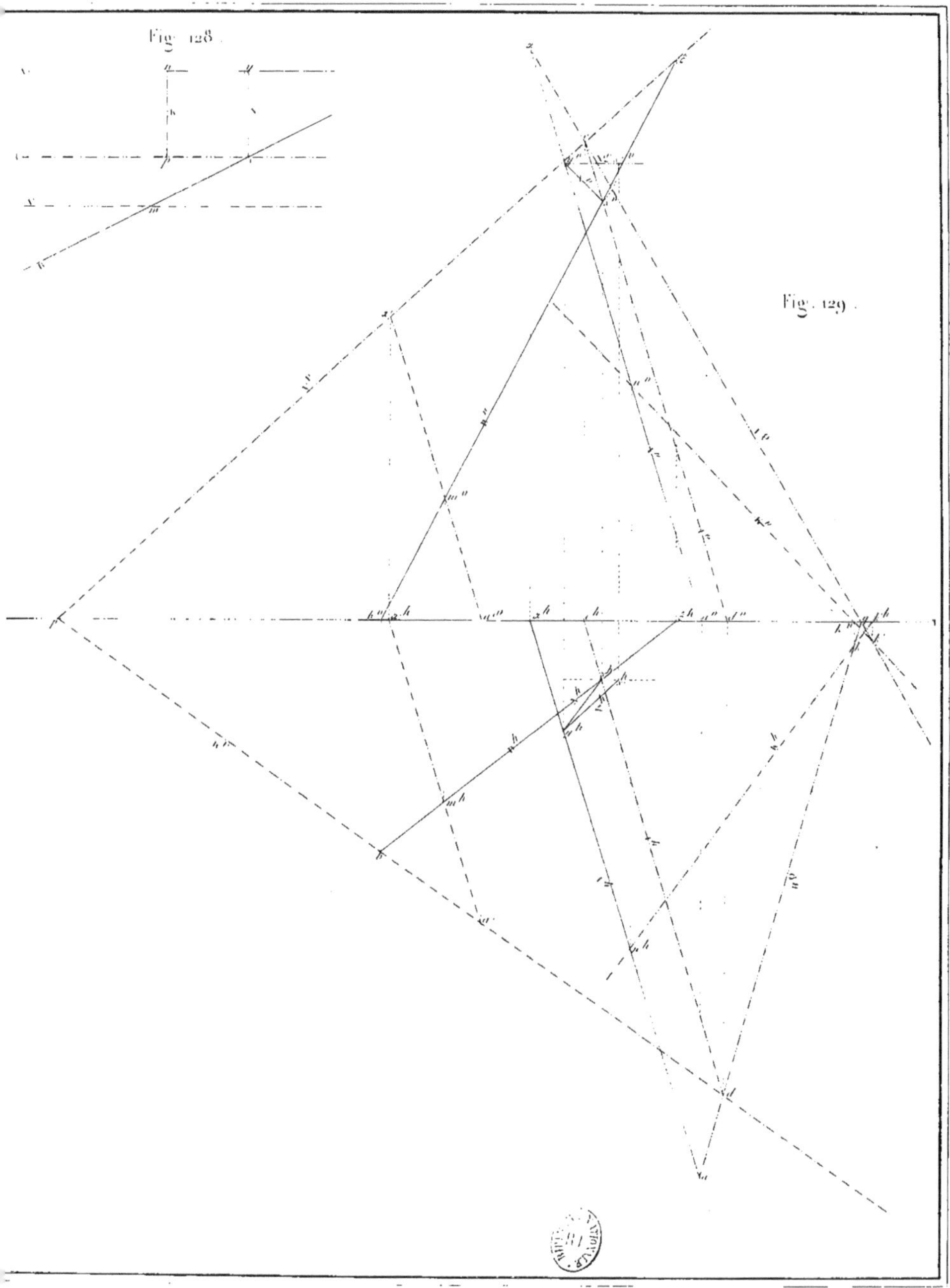

Fig. 128.
Fig. 129.

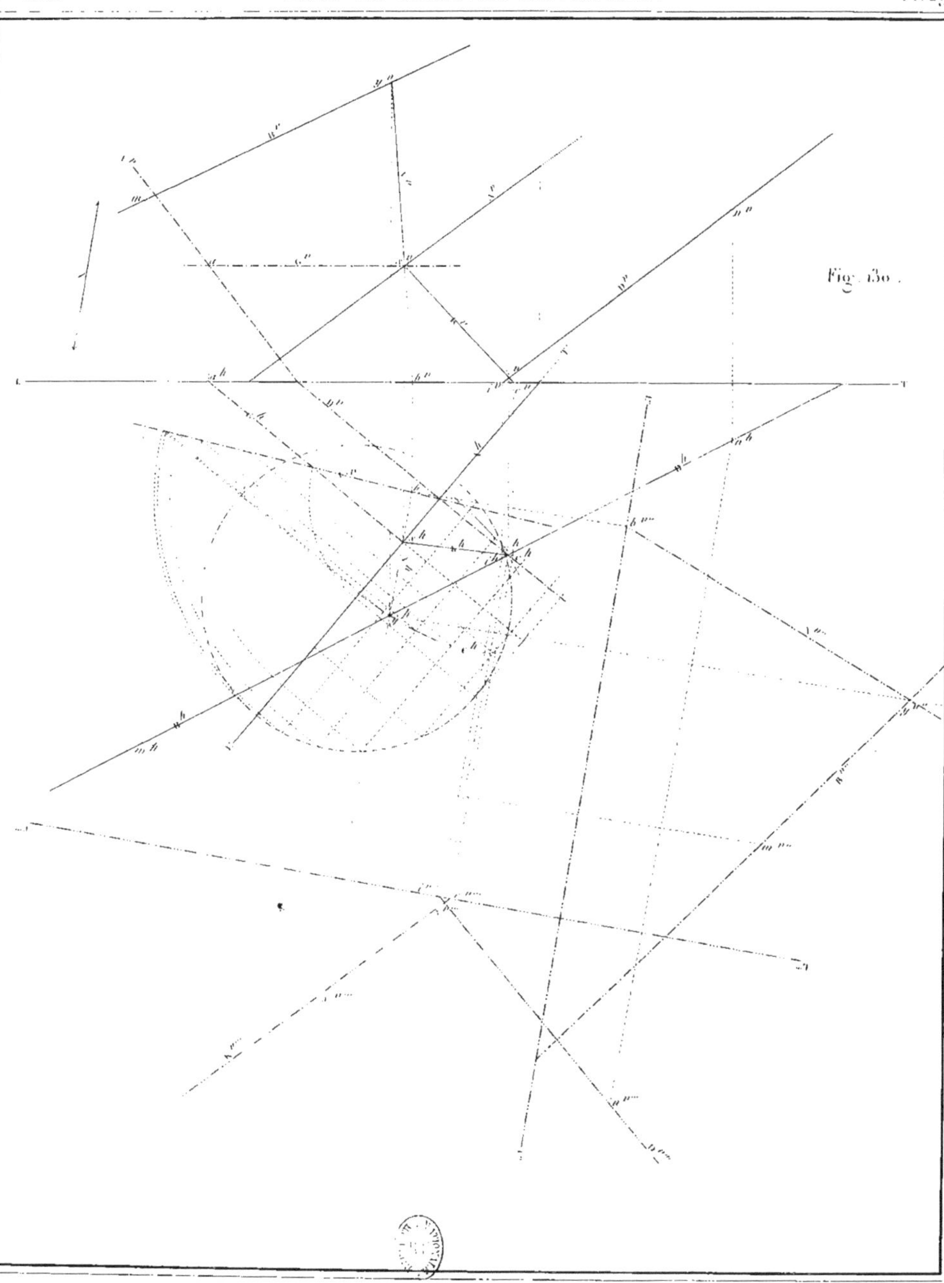

Fig. 130.

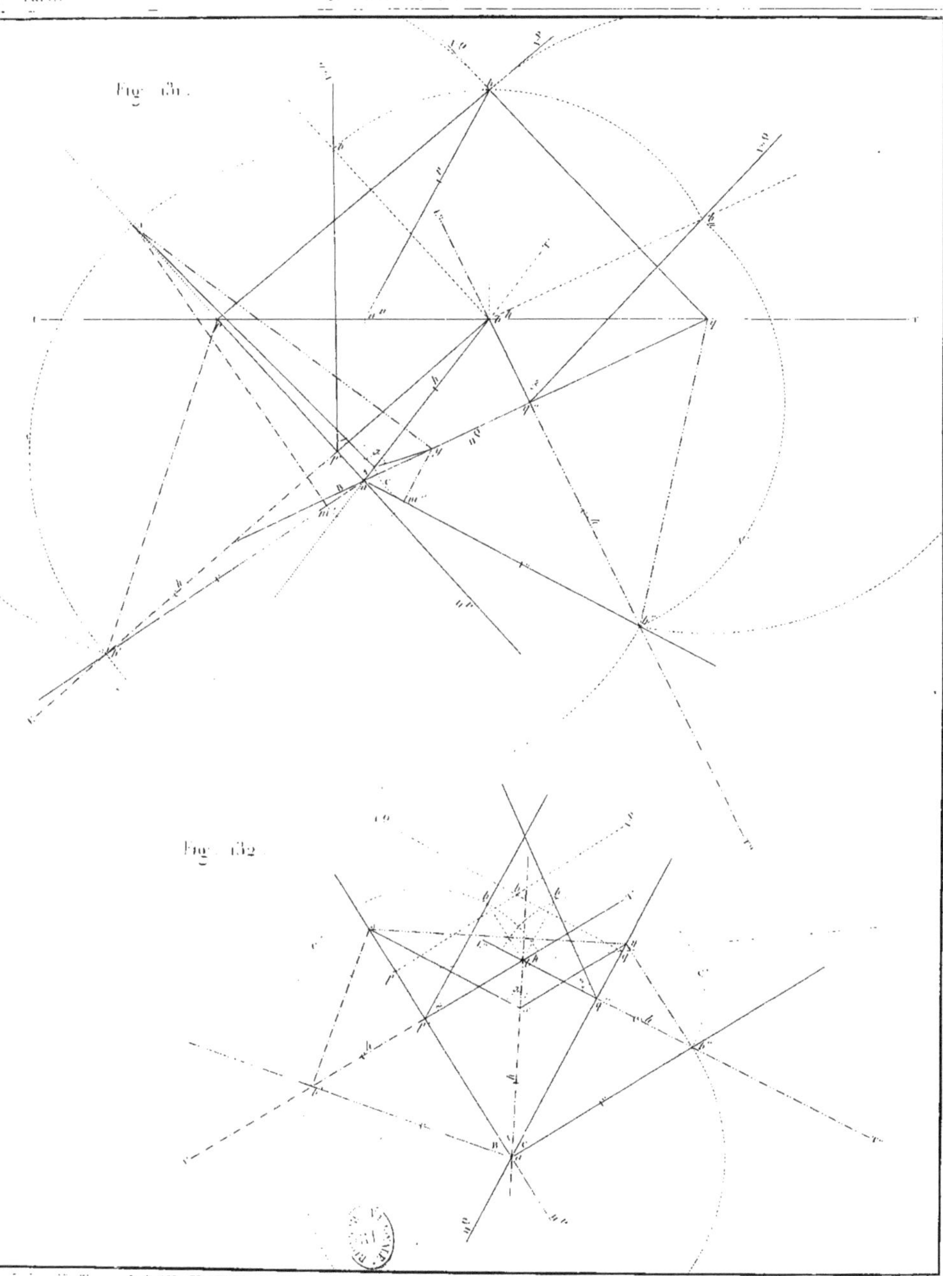
Fig. 131.
Fig. 132.

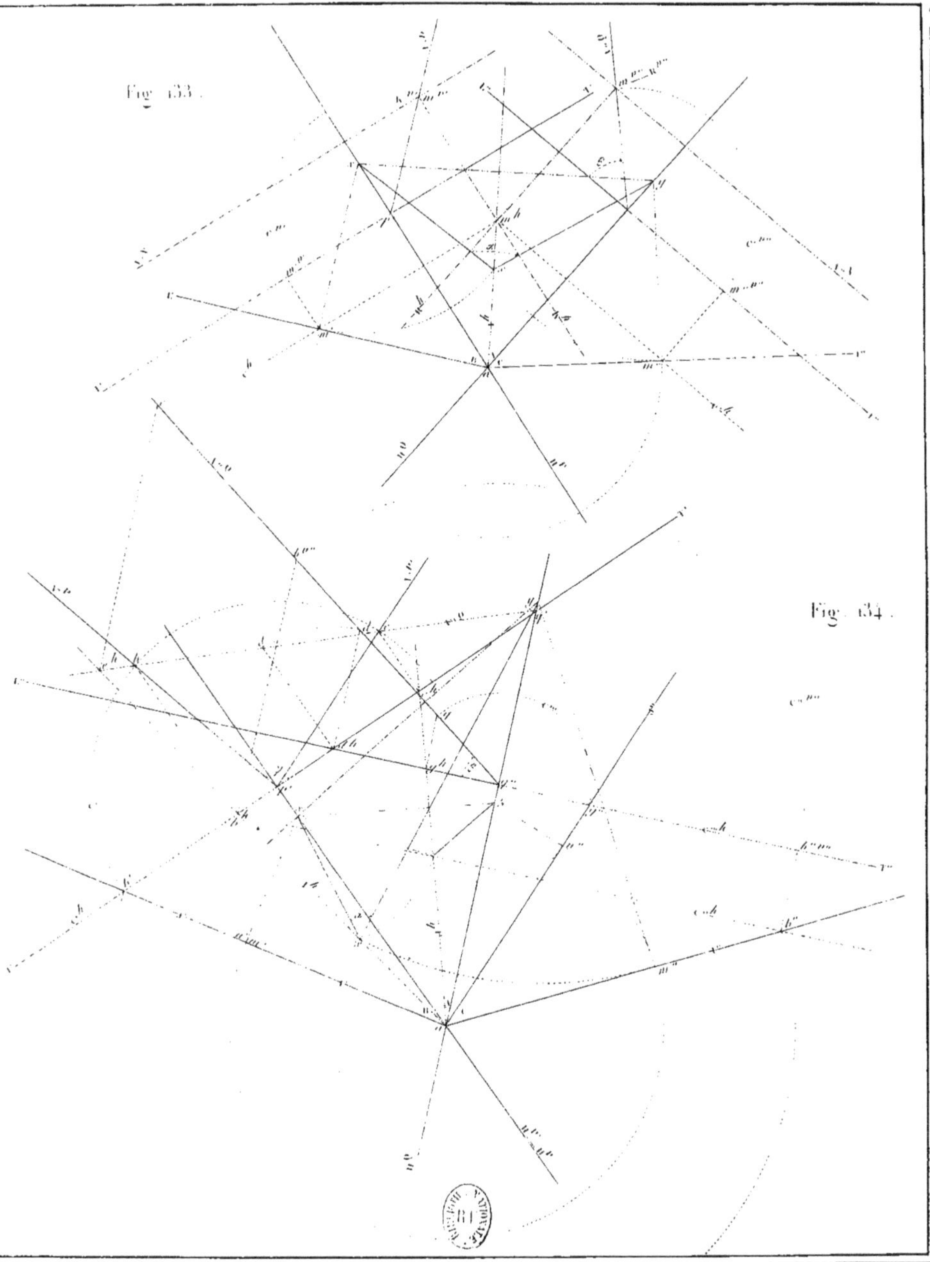
Fig. 133.
Fig. 134.

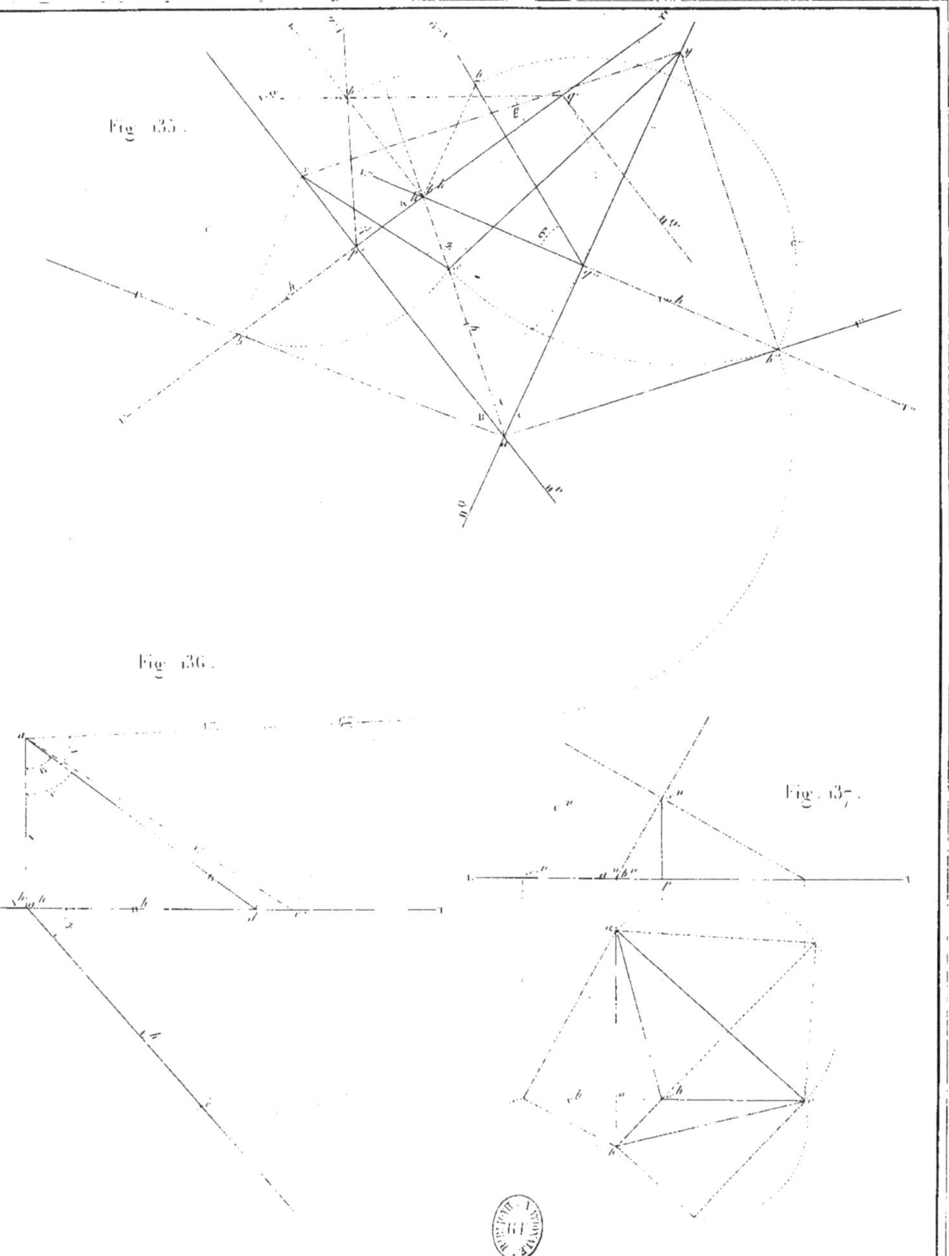
Fig. 135.
Fig. 136.
Fig. 137.

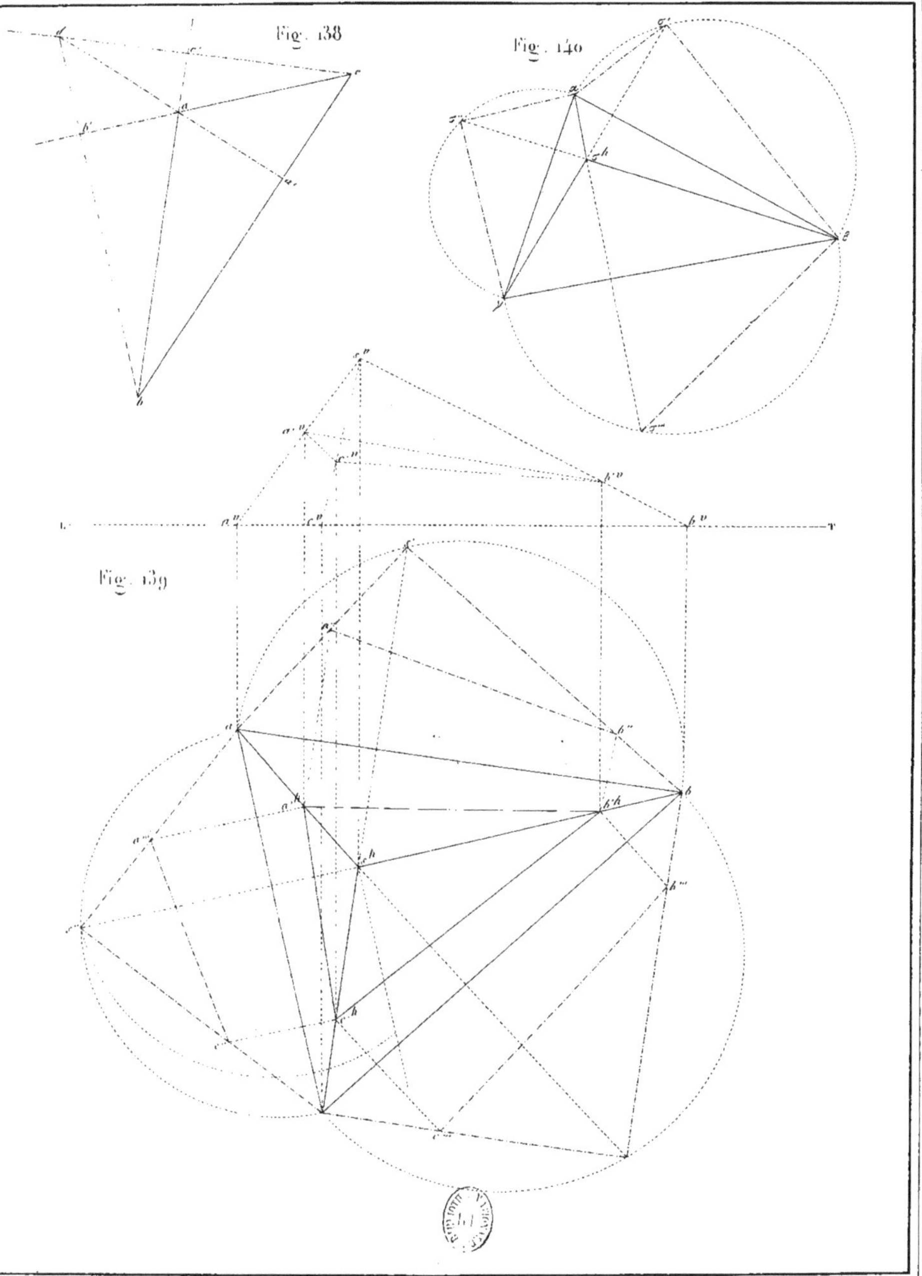
Fig. 138
Fig. 140
Fig. 139

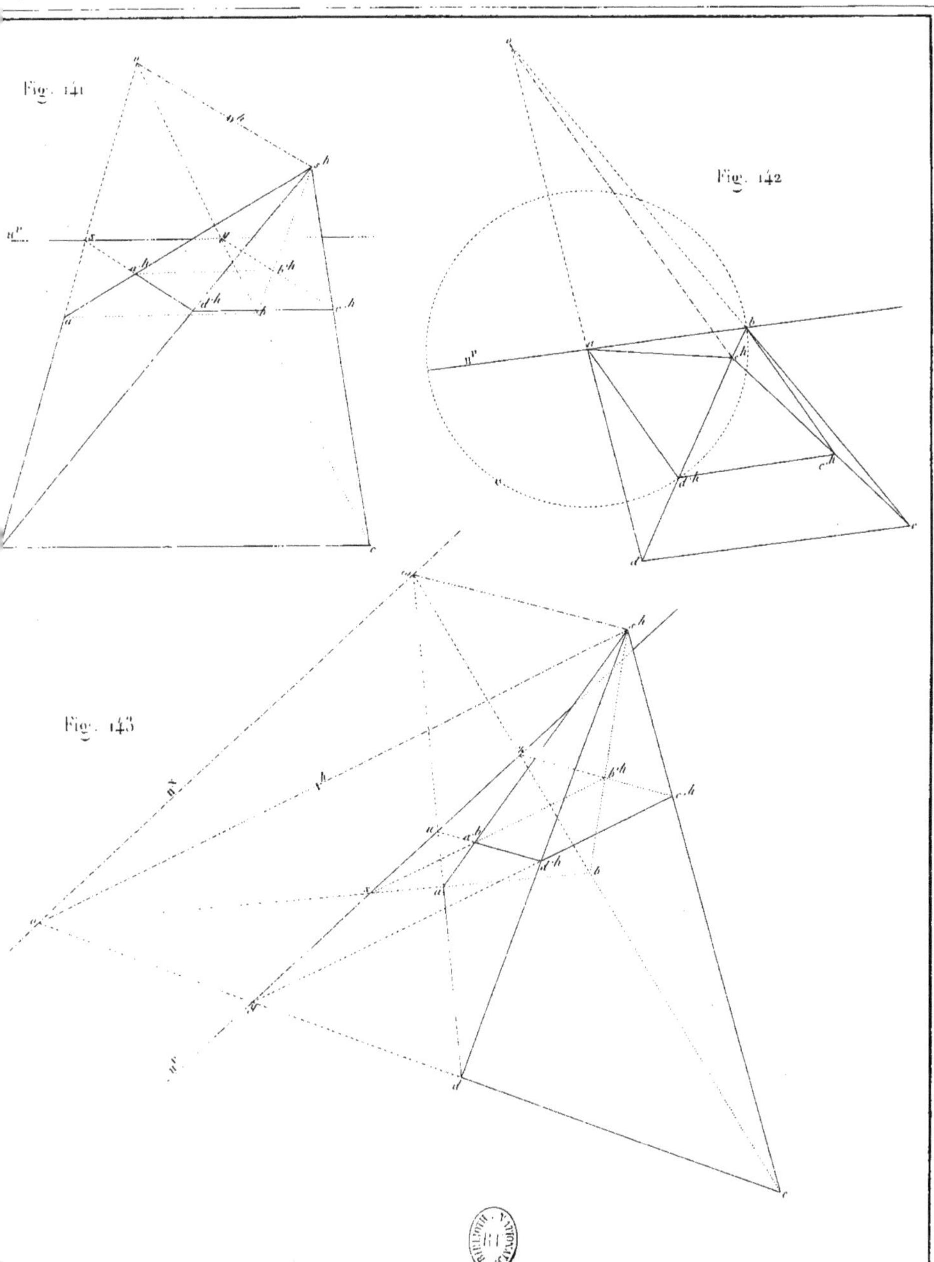
Fig. 141
Fig. 142
Fig. 143

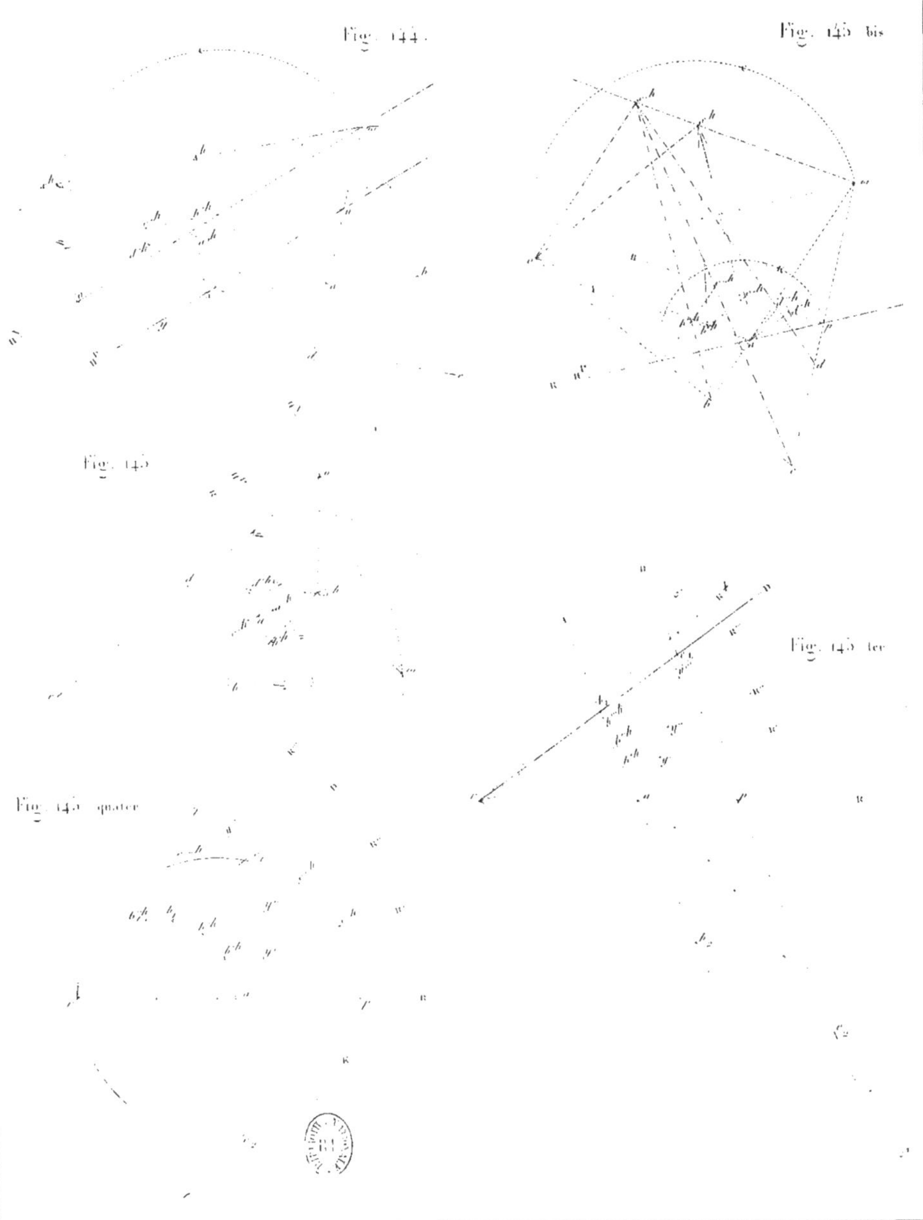
Fig. 144.
Fig. 145 bis
Fig. 145
Fig. 145 ter
Fig. 145 quater

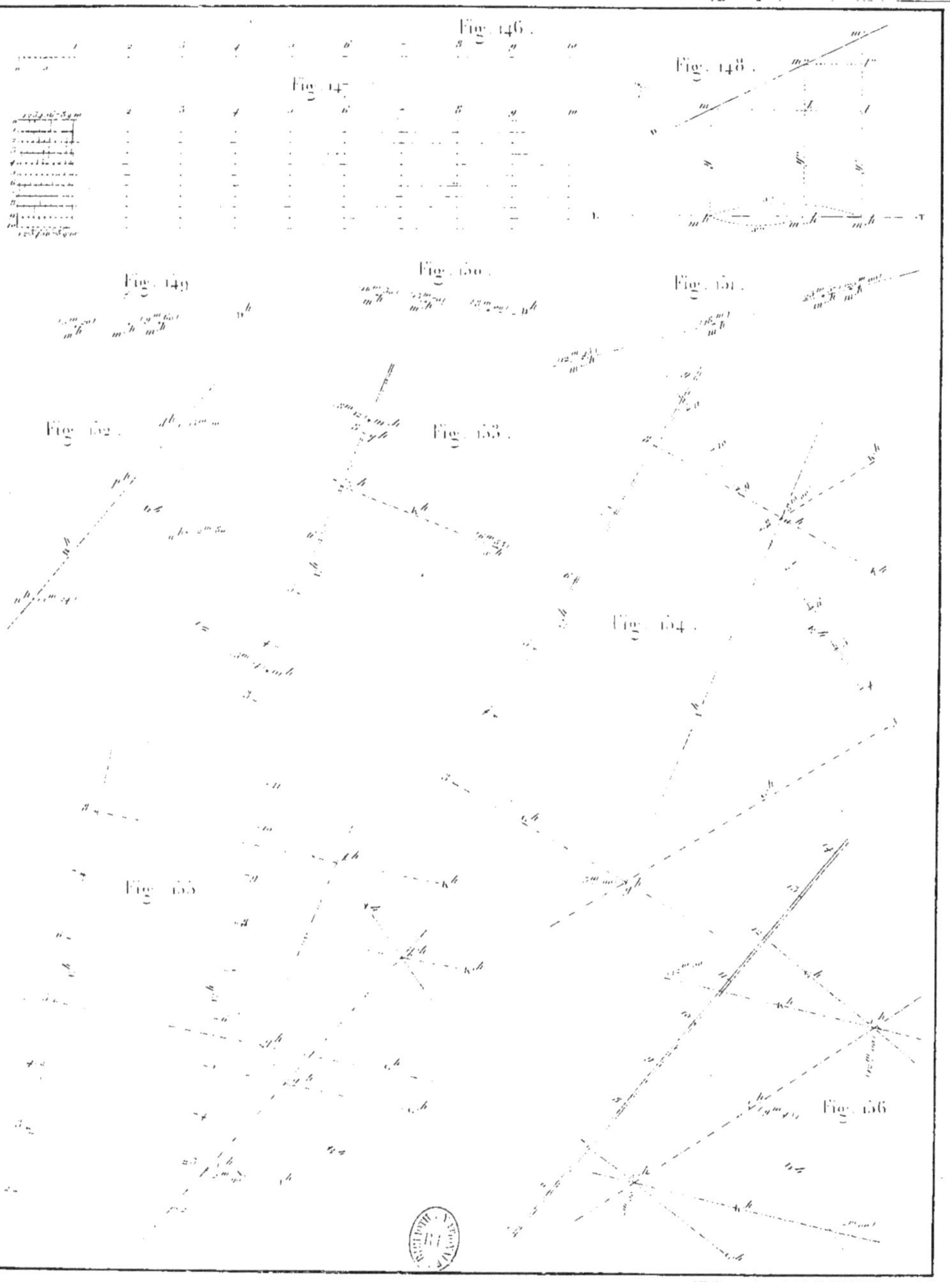
Fig. 146.
Fig. 147.
Fig. 148.
Fig. 149.
Fig. 150.
Fig. 151.
Fig. 152.
Fig. 153.
Fig. 154.
Fig. 155.
Fig. 156.

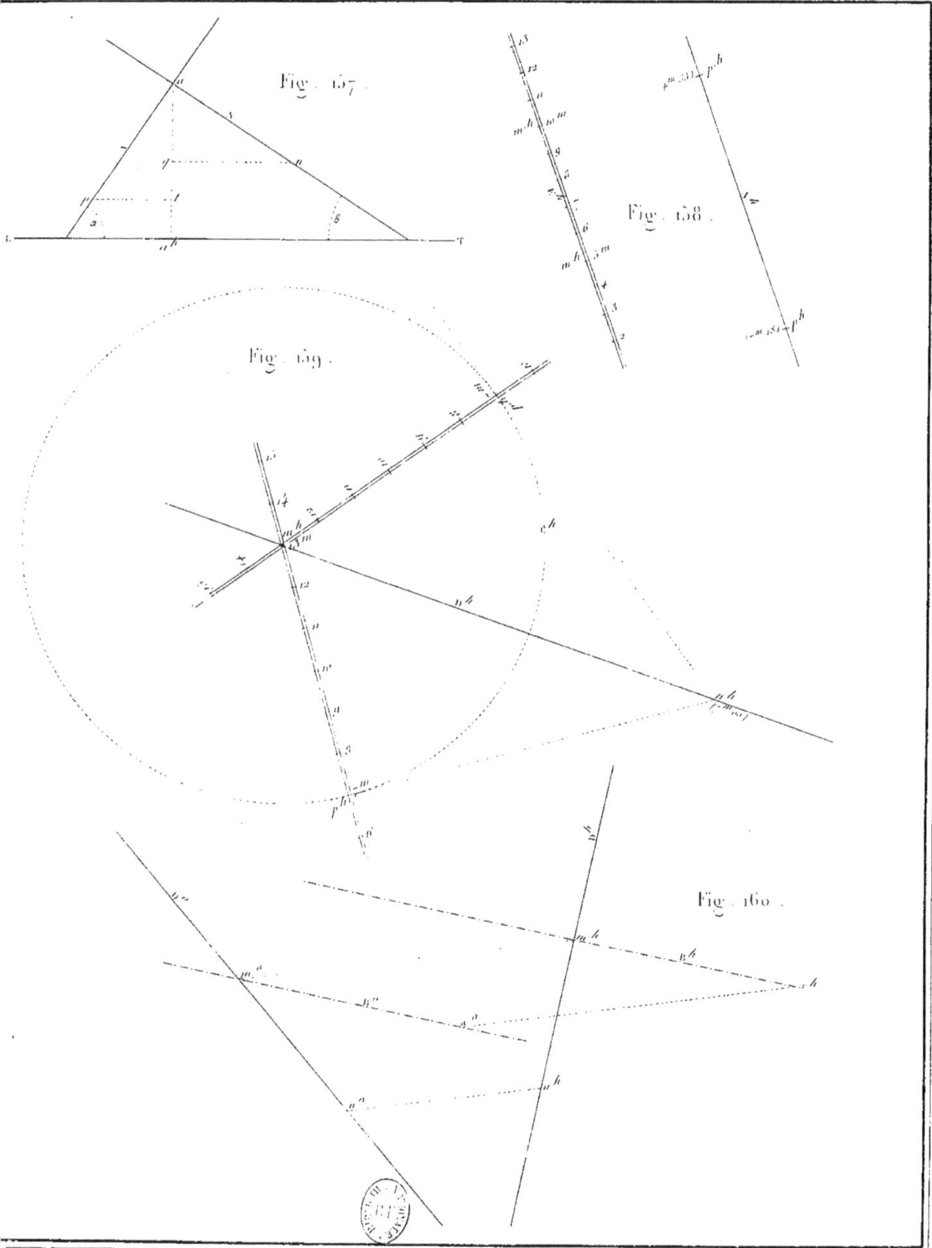
Fig. 157.
Fig. 158.
Fig. 159.
Fig. 160.

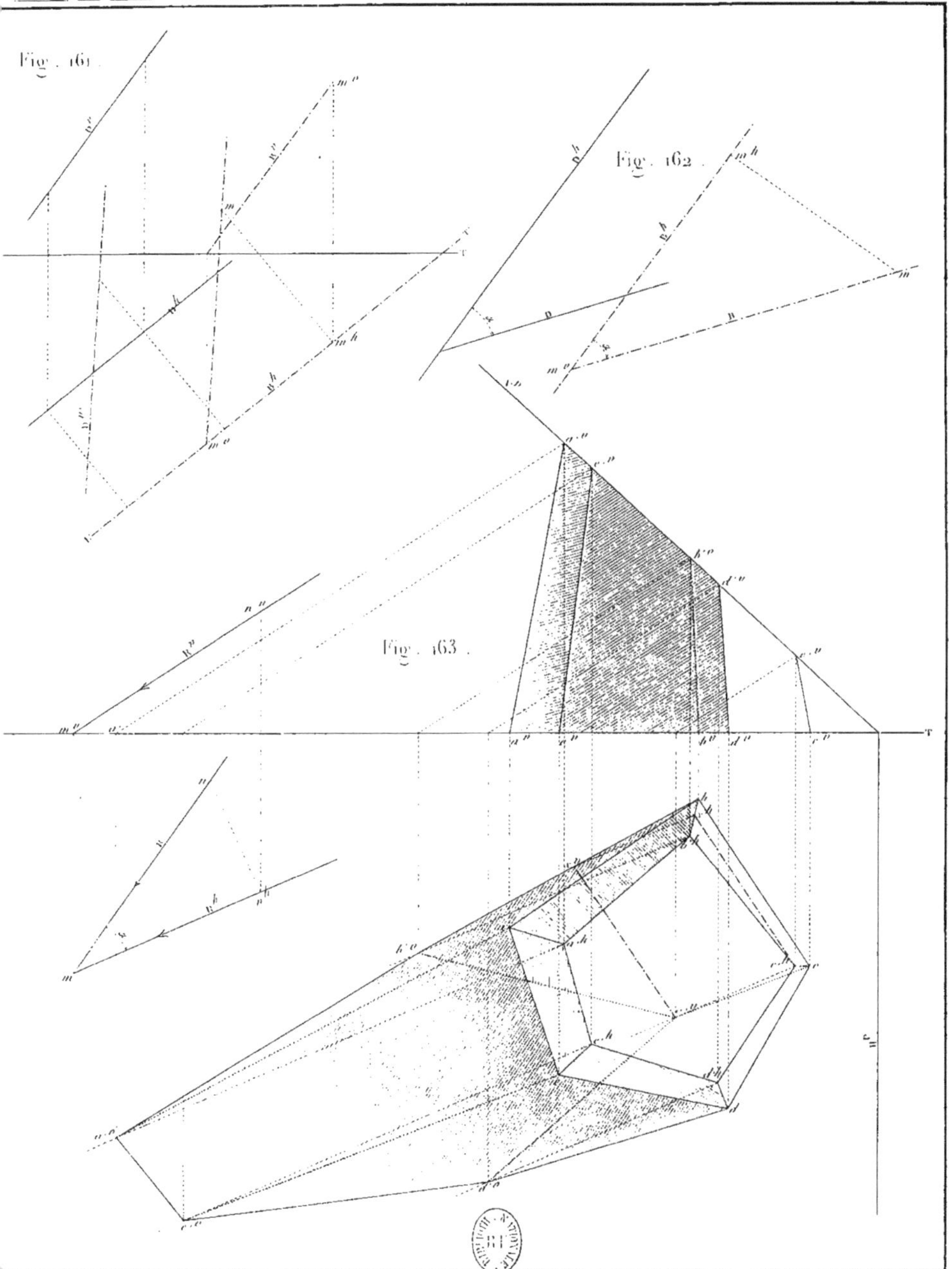
Fig. 161.
Fig. 162.
Fig. 163.

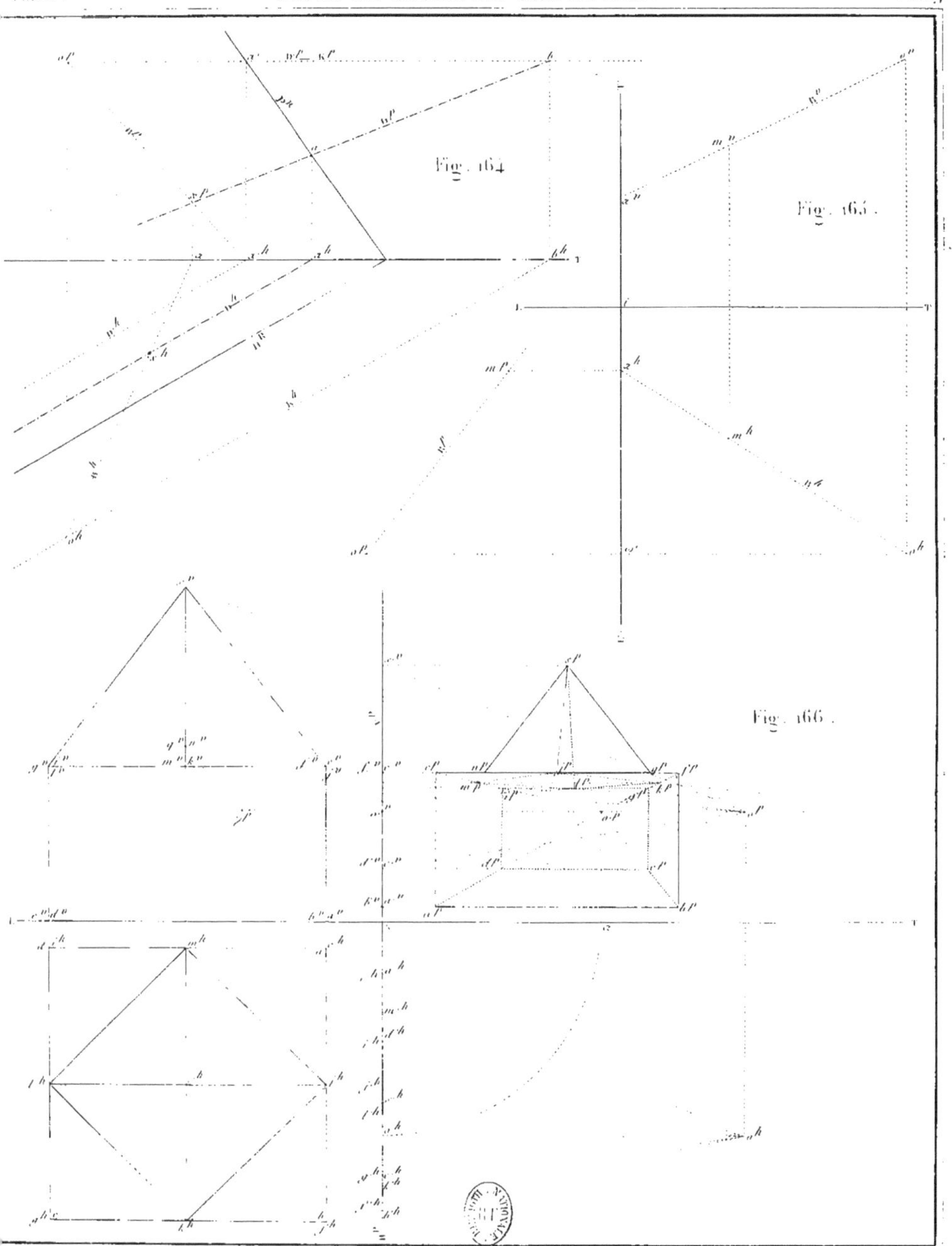
Fig. 164
Fig. 165.
Fig. 166.

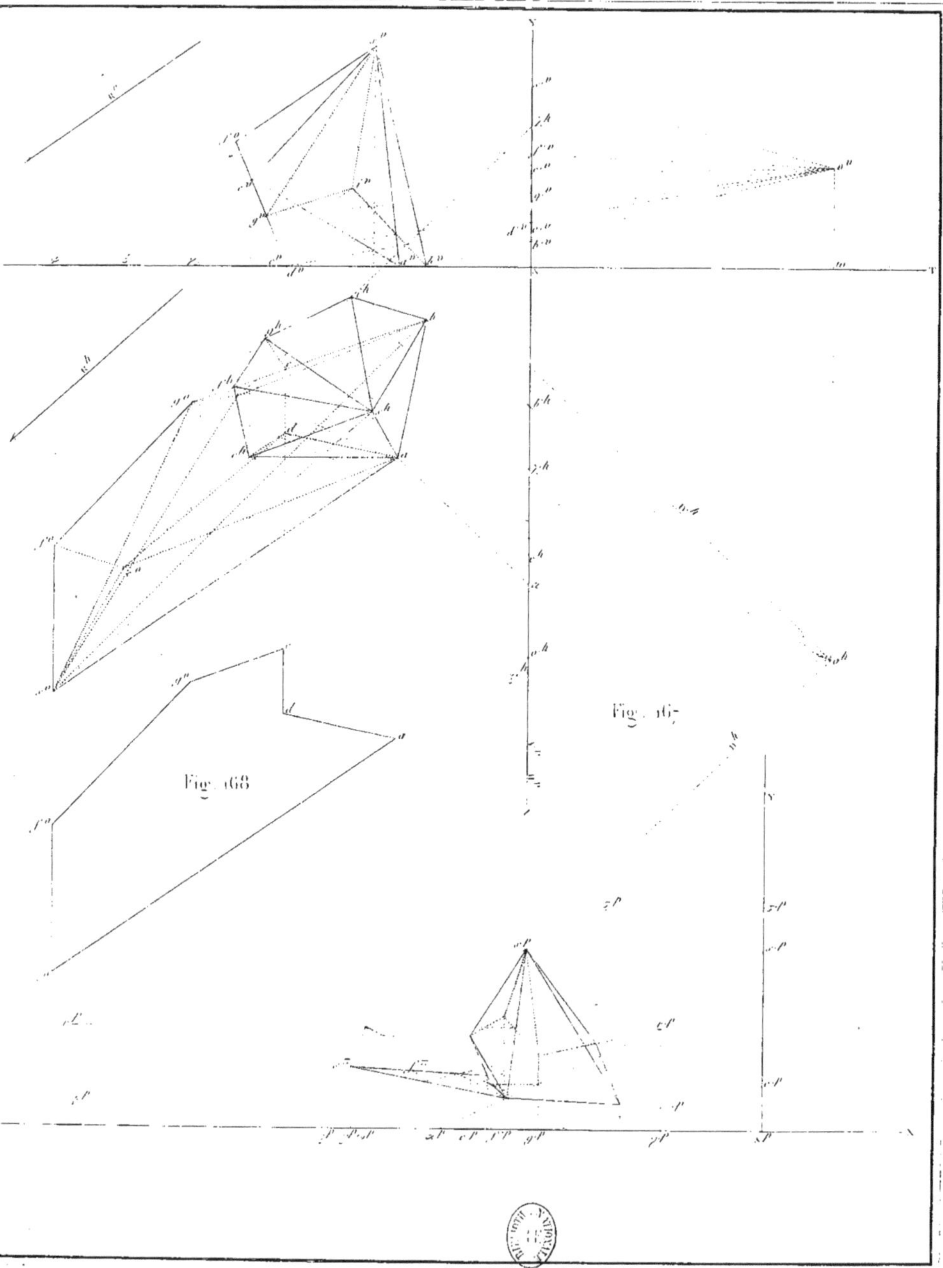
Fig. 167
Fig. 168

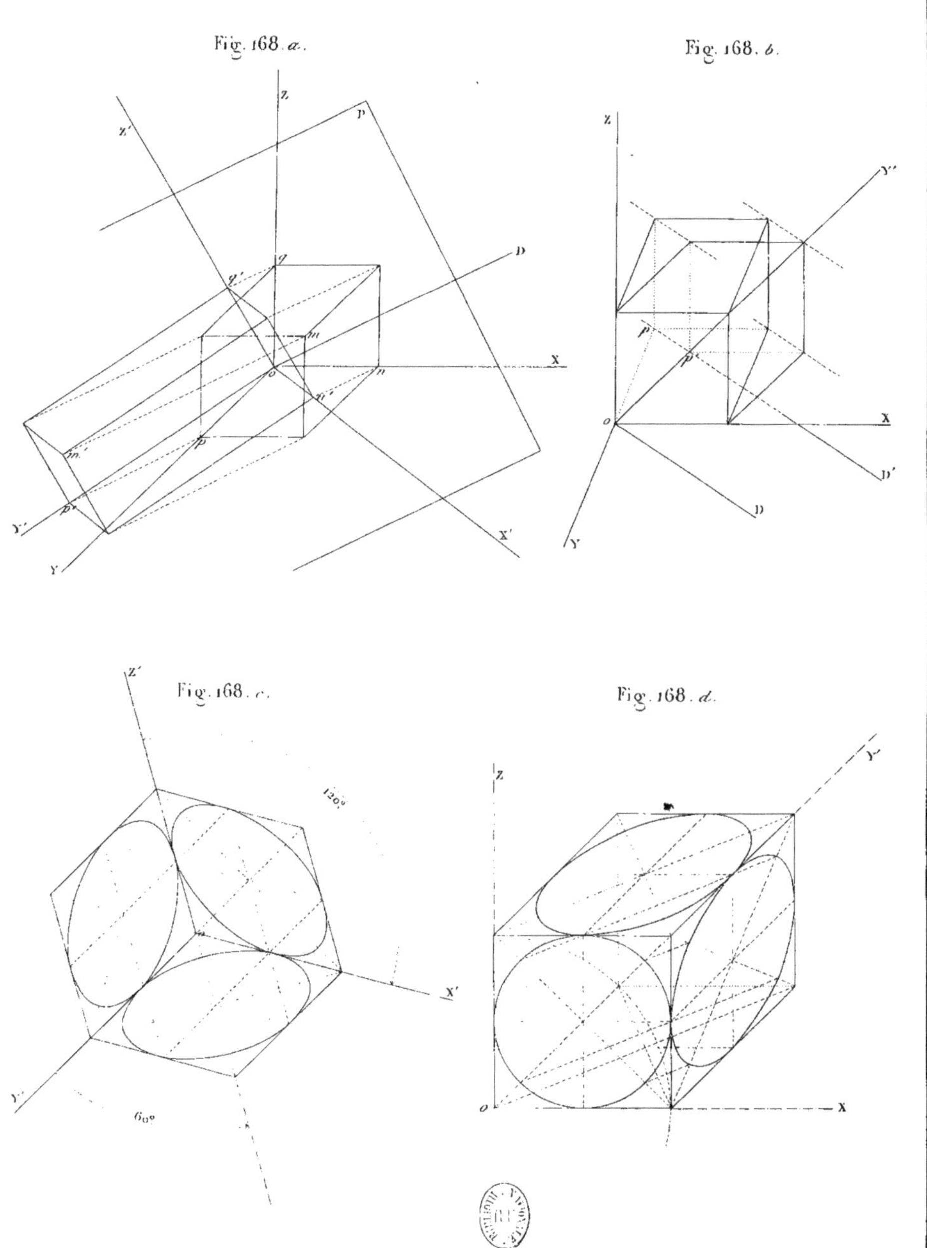

Dessiné par Théodore Olivier. Gravé par Lemaître.

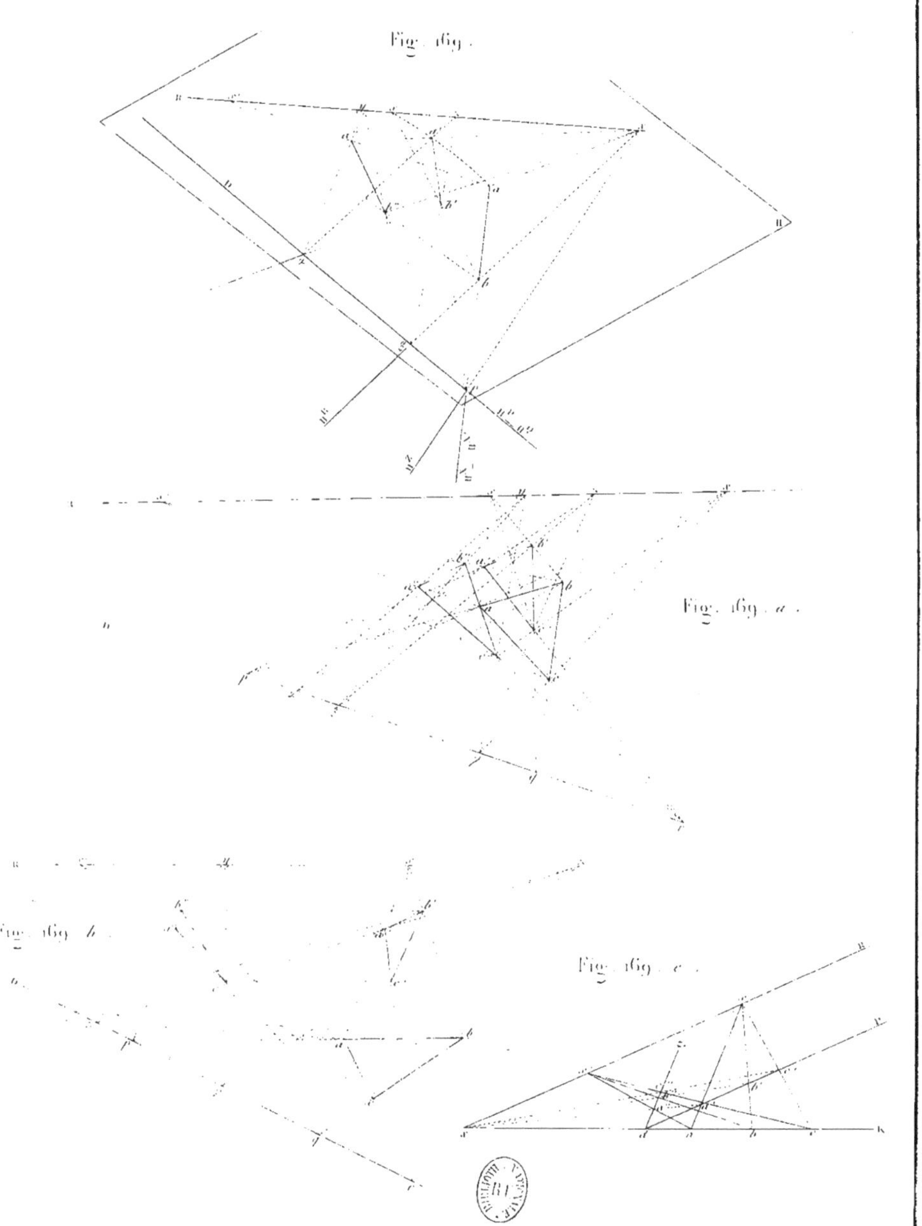
Fig. 169.
Fig. 169. a.
Fig. 169. b.
Fig. 169. c.

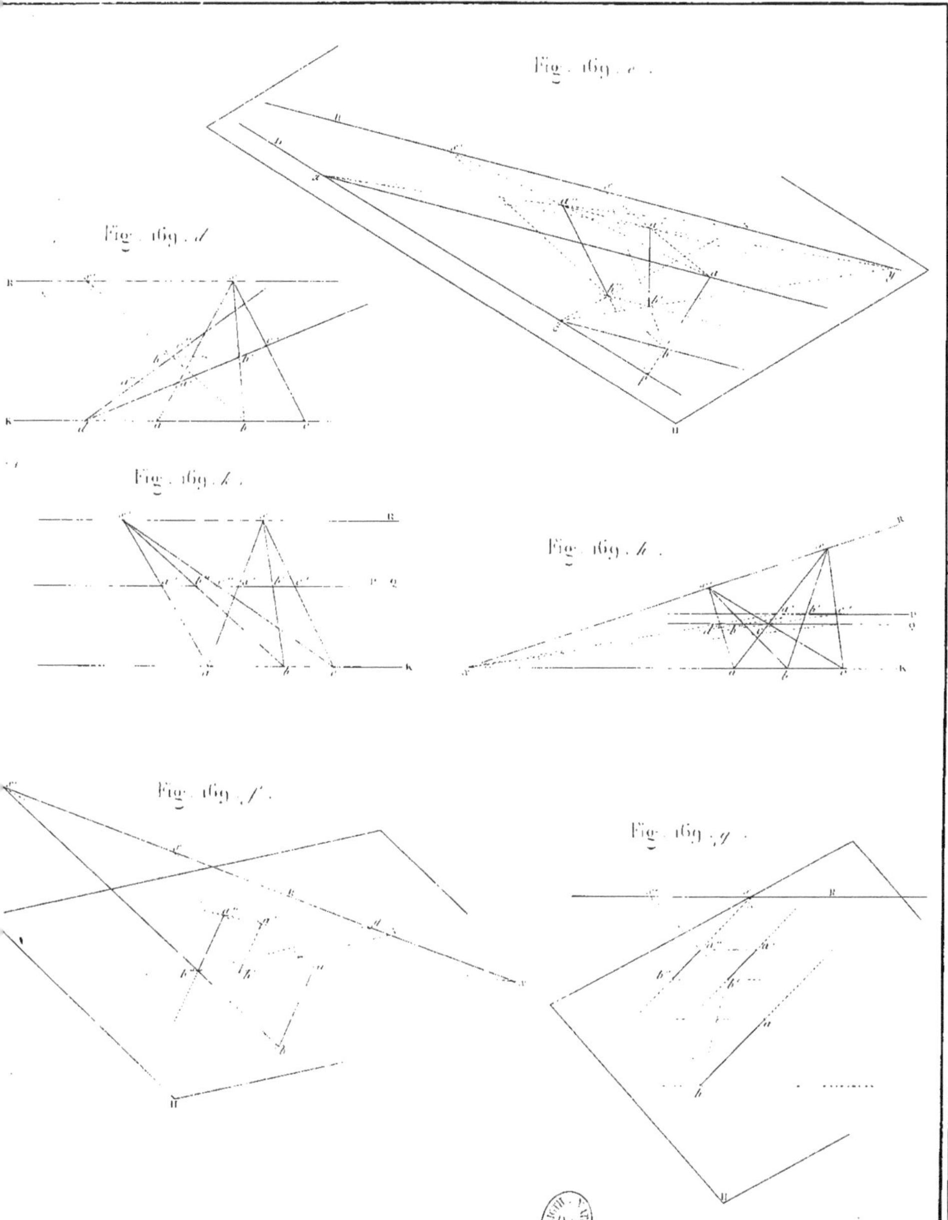
Fig. 169. e.
Fig. 169. d.
Fig. 169. k.
Fig. 169. h.
Fig. 169. f.
Fig. 169. g.

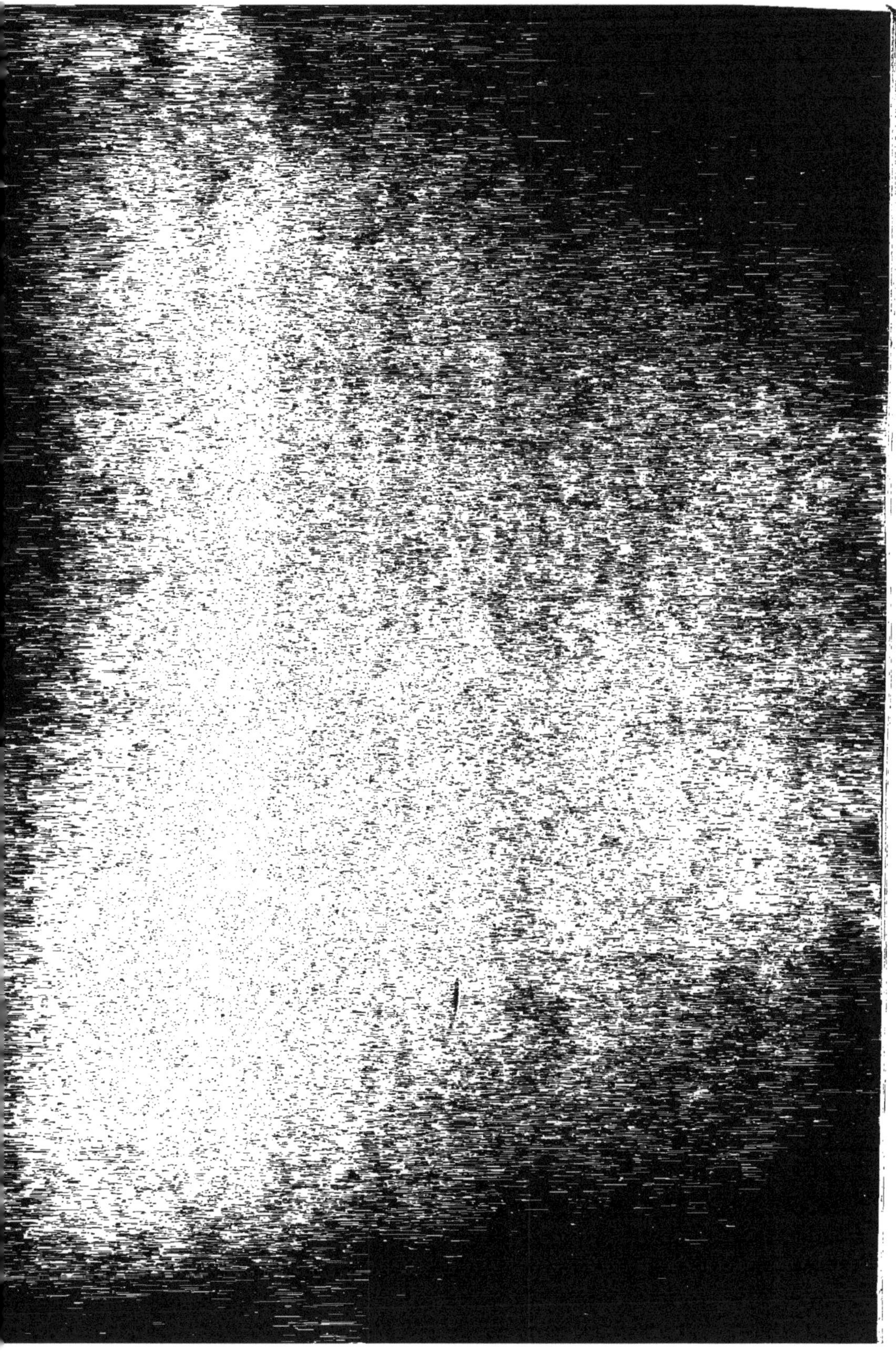

COURS

DE

GÉOMÉTRIE DESCRIPTIVE.

PARIS. — IMPRIMÉ PAR E. THUNOT ET Ce, RUE RACINE, 26, PRÈS DE L'ODÉON.

www.ingramcontent.com/pod-product-compliance
Ingram Content Group UK Ltd.
Pitfield, Milton Keynes, MK11 3LW, UK
UKHW021227230726
13926UKWH00003B/1295